COLLECTION DES ÉCONOMISTES
ET DES RÉFORMATEURS SOCIAUX DE LA FRANCE

DUPONT DE NEMOURS

DE L'EXPORTATION ET DE L'INPORTATION DES GRAINS

L.-P. ABEILLE

PREMIERS OPUSCULES SUR LE COMMERCE DES GRAINS

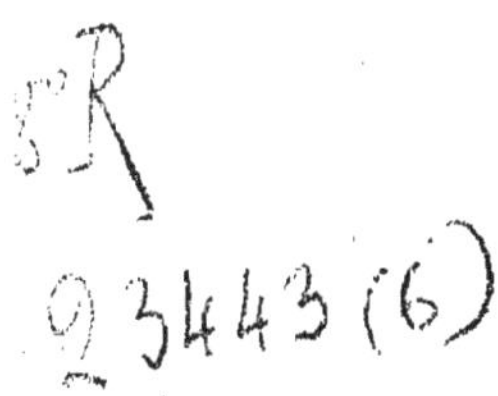

DUPONT DE NEMOURS

DE

L'EXPORTATION ET DE L'INPORTATION

DES GRAINS

1764

L.-P. ABEILLE

PREMIERS OPUSCULES

SUR LE COMMERCE DES GRAINS

1763-1764

PUBLIÉS AVEC INTRODUCTION ET TABLE ANALYTIQUE PAR

Edgard DEPITRE

PROFESSEUR AGRÉGÉ A LA FACULTÉ DE DROIT DE L'UNIVERSITÉ DE LILLE

PARIS
LIBRAIRIE PAUL GEUTHNER
68, RUE MAZARINE, 68

1911

INTRODUCTION

En 1759, s'ouvre la seconde phase de la lutte pour la liberté du commerce des grains. Les écrivains de la période antérieure, Dupin, Forbonnais, Dangeul, surtout Herbert, ont réussi à éveiller définitivement l'attention publique en signalant très vigoureusement les inconvénients, les dangers de la réglementation. Mais ni ces écrivains, ni la plupart de leurs successeurs immédiats, n'ont osé réclamer la liberté complète et absolue : en majorité, ils se prononcent pour l'adoption d'un système plus ou moins imité, — ou contre-imité, — de la police anglaise des céréales. Leurs arguments semblent avoir touché l'autorité gouvernementale : l'arrêt du 17 septembre 1754 proclame la liberté de la circulation des grains entre les provinces. Mais nous savons qu'il faut se garder d'exagérer l'importance de cette première victoire : d'autres arrêts antérieurs, tombés dans l'oubli, avaient eu à peu près exactement la même portée : la liberté de circulation *intérieure*, soumise encore d'ailleurs à un certain nombre de règlements, n'est permise que *par terre* et par *les rivières* : les communications *par mer* restent sous la prohibition. — « Celui qui rédigea cet arrêt, dira plus tard Abeille, n'avait pas la carte de France sous les yeux. » — Surtout il n'est point question d'autoriser l'exportation, et ainsi la réforme déjà réclamée avec insistance par Boisguillebert — réforme essentielle et qui, seule, doit remédier à l'avilissement du prix des grains et au dépérissement de l'agriculture — n'est point encore obtenue.

Du moins le mouvement est lancé : les publications se sont succédé : les journaux économiques ont pris nettement parti en faveur des réformes : l'ancienne *police des grains* semble ne plus compter de défenseurs [1].

Le *Mémoire* sur *l'Exportation et l'Inportation des grains*, de Du Pont de Nemours, les opuscules d'Abeille, réédités ici, donneront, réunis, une idée assez exacte du mouvement en faveur de la liberté du commerce des grains pendant la période 1759-1764 : nouvelle période d'offensive, où des troupes nouvelles entrent en ligne, où l'attaque se précise et se propose un but sensiblement différent de l'objectif poursuivi pendant la période précédente.

On ne va plus demander, en effet, la modification plus ou moins radicale de la réglementation, mais sa suppression pure et simple, et que désormais « le gouvernement oublie qu'il croît du bled en France et que le bled est nécessaire pour vivre [2] ». Sans doute nous avons vu, dès 1757, Montaudouin de la Touche se prononcer très nettement contre tout ce qui rappelle encore, dans le système proposé par Herbert, la réglementation : il ne veut ni droits à l'entrée, ni droits à la sortie, et il réclame déjà « l'entière liberté » du commerce des grains [3]. Mais le *Supplément à l'Essai sur la police générale des grains* — qui d'ailleurs ne semble pas avoir eu grand retentissement malgré son titre, — n'exprime guère qu'une opinion isolée. Cette opinion va, au cours de la nouvelle

---

1. Voir pour la période 1750-1759, l'Introduction à l'*Essai sur la police générale des grains*, d'Herbert, réédité dans cette même Collection, n° 5.

2. [Morellet]. *Fragment de lettre sur la police des grains.* Bruxelles et Paris, 1764, in-12, p. 35.

3. *Supplément à l'Essai sur la police générale des grains*, réédité dans le même volume que l'*Essai* d'Herbert, p. 15, 18, 37.

période considérée, devenir l'opinion de beaucoup dominante : la politique anglaise des primes à l'exportation et des interdictions à l'importation sera désormais condamnée au même titre que la règlementation française : c'est la *liberté entière* qu'on veut conquérir, liberté de circulation intérieure, liberté de l'importation, liberté de l'exportation.

L'entrée en scène des Economistes suffirait à expliquer cette nouvelle orientation et l'importance accrue du mouvement libéral ; et l'étude de leur action doit sans doute occuper dorénavant la première place. Il convient cependant d'attacher ici encore une importance assez considérable à certains écrivains qui, autant par leurs origines que par leur argumentation, se distinguent des Economistes. Il s'agit de quelques élèves de Gournay, comme Abeille, comme Morellet, qui plus hardis ou plus logiques que les disciples de la période antérieure, sont arrivés d'eux-mêmes, et par le seul développement des principes déjà entr'aperçus par Herbert, à répudier la politique anglaise et à réclamer l'entière liberté du commerce des grains. L'influence de leurs opuscules est loin d'avoir été négligeable : il est même permis de penser que les *Réflexions sur la police des grains en France et en Angleterre* ou le *Fragment de Lettre sur la Police des grains* ont dû, par leur logique alerte et la forte simplicité de leurs arguments, l'emporter, aux yeux du public, sur les tableaux et les raisonnements hérissés de chiffres du *Mémoire sur l'Exportation*. Les Economistes, en revanche, touchaient de plus près aux sphères gouvernementales. Il n'en reste pas moins que c'est de l'action convergente de ces deux groupes qu'est sorti, en partie, le succès final, consacré par les édits de 1763 et 1764.

Il faut se hâter d'ajouter *en partie* : car si, en 1764, l'opinion générale est acquise aux solutions libérales et si les édits répondent aux vœux de la grande majorité, on doit tenir compte, en effet, dans une très large mesure, des circonstances : une série de récoltes exceptionnelles a converti tous les intérêts à la nécessité de l'exportation. Et un avenir très prochain se chargera de démontrer que les circonstances eurent plus de poids que tous les arguments de principe dans la promulgation des édits libéraux.

Ce sont les lignes principales de l'action des Economistes et de leurs alliés que nous allons avoir à retracer ici : nous rappellerons enfin brièvement quelles circonstances ont précédé et accompagné la Déclaration du 25 mai 1763 et l'Edit du 19 juillet 1764.

Pendant cette période 1759-1764, l'Ecole de Quesnay, qui deviendra plus tard la *secte physiocratique*, est encore à ses débuts. Les articles *Fermiers* (1756) et *Grains* (1757) ne semblent point avoir attiré immédiatement l'attention publique : Patullo, seul, dans son *Essai sur l'amélioration des Terres* (1758), en fait mention. Quand paraît l'édit de 1764, Quesnay ne compte, avec *l'Ami des Hommes*, dont la conquête s'est poursuivie au cours des années 1758-1759, que trois disciples : Butré, le jeune Du Pont, — futur secrétaire général de l'Ecole, amené par Mirabeau, — et l'avocat Le Trosne.

Mais qu'importe que le développement proprement dit de l'Ecole soit postérieur à 1764. Bien avant cette date, le système est élaboré et sa réalisation se poursuit : pratiquement, en effet, l'influence de Quesnay s'exerce et s'affirme auprès de ceux-là mêmes qu'il a le plus d'intérêt à convaincre. L'*Essai* de Patullo et le *Mémoire sur l'Exportation* seront dédiés à Mme de Pompadour à qui Du Pont rend grâces, respectueusement, « de la protection décidée » qu'elle n'a cessé d'accorder à ceux qui s'appliquent à la Science Economique : « C'est à « vous que le public doit la première connaissance [de ses

« principes], par l'impression que vous avez fait faire, chez
« vous et sous vos yeux, du Tableau Economique et de son
« explication. » Ce sont là des particularités bien connues.
D'autre part, au point de vue doctrinal, il est presque inutile
de rappeler que le *Tableau Economique* et les *Maximes générales du gouvernement Economique d'un Royaume agricole*
ont paru en décembre 1758. Dès 1757, l'article *Grains* renferme déjà, comme le fait remarquer M. Oncken, toutes les
idées dominantes du système physiocratique, exposées avec
plus ou moins de détails [1] : et les sources primitives de la
pensée physiocratique apparaîtront plus nombreuses et impor-
tantes encore, si l'on veut bien joindre à l'article *Grains*, les
articles *Impôts* et *Hommes*, également composés par Quesnay,
à la même époque, pour l'*Encyclopédie* : il s'abstint de les
publier à la suite de la défaveur manifestée par le gouvernement à l'égard des Encyclopédistes, après l'attentat de Damiens :
ces articles n'ont été publiés que tout à fait récemment, mais
ils furent connus des premiers disciples du Docteur [2]. Aussi
bien, à ces premiers écrits de Quesnay, faut-il joindre encore
le *Mémoire* de Du Pont, les *Notes Economistes* du *Discours
sur l'état actuel de la Magistrature et sur les causes de sa décadence*, de Le Trosne (1763), et surtout les ouvrages du marquis
de Mirabeau, considéré à juste raison comme le co-fondateur
de la « nouvelle science » : dès avant 1764 les suites de l'*Ami
des Hommes*, *la Théorie de l'Impôt* (1760) ont paru, ainsi
que la *Philosophie Rurale* (1763) [3].

---

1. *OEuvres de Quesnay*, p. 193, note.
2. Article *Hommes*, réédité par Bauer, — art. *Impôts*, réédité par Schelle,
in *Revue d'Histoire des Doctrines économiques et sociales*, 1908, nᵒˢ 1 et 2.
3. On remarquera particulièrement dans le Mémoire de Du Pont, la réunion
constante qu'il fait de Quesnay et de Mirabeau : dans la préface il s'adresse
« aux grands Maîtres qui nous ont instruit et devancé ». Il renvoie le lecteur
à l'article Grains, au Tableau Economique et *surtout*, ou *plus encore*, à la Philosophie Rurale. V. note de la page 9, *in fine*, note des pages 16-17. Or, on
sait que Quesnay a non seulement collaboré à ce dernier ouvrage, mais encore
qu'il l'a revu très attentivement.

Ces précisions, qui risqueront peut-être de paraître oiseuses, sont cependant nécessaires. On sait en effet avec quelle inlassable ardeur les Economistes ont, dès les débuts, combattu pour la libération du commerce des grains. En dehors même des ouvrages spéciaux comme celui de Du Pont réédité ici et de tous les autres écrits de circonstance provoqués par la réaction contre l'édit de 1764, il n'est peut-être pas un ouvrage physiocratique qui ne traite plus ou moins longuement, — et plutôt plus que moins, — de la question du commerce des grains et ne la résolve dans le sens le plus libéral. Et l'on pourrait être tenté d'expliquer et cette attitude et cette ardeur par les grandes idées générales qui servent à caractériser, dans son ensemble, le système physiocratique, en faisant appel notamment à cette conception de l'ordre social, que trois principes résument, comme on sait : *propriété, liberté, sûreté*, — trois principes qui d'ailleurs n'en font qu'un, puisque, selon Le Mercier de la Rivière, « liberté et propriété ne forment qu'une seule et même prérogative qui change de nom selon la façon de l'envisager » et la sûreté n'étant que la garantie de l'une et de l'autre. Leur doctrine apparaissant ainsi dominée toute par le grand principe de liberté, déduit lui-même du droit naturel, les Physiocrates se présentent comme les ascendants directs des libéraux modernes, et rien n'est plus explicable que leur position doctrinale dans la question du commerce des grains.

Il serait facile et sans doute un peu banal de tenter cette démonstration. Mais nous devons ici nous attacher à ce qui fut le point de départ du mouvement et ne point risquer de l'expliquer par des raisons qui pourraient n'avoir apparu que postérieurement. Aussi bien des discussions récentes sont-elles venues prouver que le problème des origines du libéralisme devait être posé de façon plus précise. Le libéralisme de Quesnay, qui nous intéresse particulièrement ici, devrait être soigneusement distingué de celui de ses disciples, et quant à son fondement et quant à sa portée : la solution libérale qu'il apporte à la question des grains ne procéderait point principalement, — ou même ne procéderait point du tout — du principe général de liberté économique [1].

La question, comme on voit, vaut d'être éclaircie. Pour quels motifs Quesnay va-t-il donc réclamer la liberté du commerce des blés ?

Un premier point est hors de doute : et le grand mérite des discussions que nous signalions consiste précisément à avoir mis pleinement en lumière ce qu'on pourrait appeler le *fondement technique* du libéralisme de Quesnay et de ses disciples. Leur solution libérale dérive de la théorie *du produit net* : l'agriculture donne seule un produit net ; — toute la nation a intérêt à ce que ce produit net soit le plus élevé possible ; — or, les restrictions n'aboutissent qu'à avilir artificiellement la valeur des produits de l'agriculture, et par conséquent à diminuer le produit net ; — le seul moyen de rehausser la valeur des produits de l'agriculture, et par conséquent le produit net, c'est de les faire participer au prix commun et peu variable du marché général ; — donc liberté entière et de l'importation et de l'exportation. Tel est, en deux mots, ce fondement technique dont on trouvera ailleurs l'analyse plus complète, magistralement exposée d'après les œuvres de Quesnay lui-même [2]. — C'est la même thèse qu'on retrouvera déve-

---

1. Voir l'étude de M. Truchy : *Le libéralisme économique dans les œuvres de Quesnay*, Revue d'Economie politique, 1899, p. 925 ; l'article de M. Sauvaire-Jourdan : *Isaac de Bacalan et les idées libre-échangistes en France vers le milieu du XVIII° siècle*, même Revue, 1903, pp. 589 et 698. — En sens contraire, l'étude de M. Dubois, *Quesnay anti-mercantiliste et libre échangiste*, même Revue, 1904, p. 213, et les conclusions du même in *L'évolution de la notion de droit naturel antérieurement aux Physiocrates*, Revue d'Histoire des Doctrines économiques et sociales, 1908, p. 245.

2. Truchy, *loc. cit.*, p. 931 et s. On pourra compléter les sources utilisées par l'article *Hommes, loc. cit.*, notamment p. 27 et suivantes.

loppée, coordonnée et systématisée dans le Mémoire de Du Pont [1]. A ce Mémoire, d'une logique parfaite et d'une roideur voulue, où l'on sent toute l'ardeur du néophyte [2], Du Pont a cru devoir joindre un résumé [p. 103-127] qui fasse envisager la vérité « en raccourci et d'un seul coup d'œil ». Et ce résumé, qui remplit pleinement son objet, pourrait paraître amplement suffisant. En voici un autre cependant, d'un raccourci plus vigoureux encore, que nous croyons devoir transcrire : il est également l'œuvre d'un néophyte, Le Trosne, qui plus tard apportera des éclaircissements précieux, voire des rectifications, à la doctrine nouvelle : pour le moment, il résume encore et reflète uniquement la pensée du maître. Aussi bien, ces quelques pages sont-elles presque inconnues, perdues qu'elles sont dans un *Discours sur la décadence de la Magistrature* où l'on ne s'attendait guère à trouver les principes qui doivent régir le commerce des grains. Du Pont a signalé ces *Notes Economistes* et particulièrement celle que nous reproduisons, où sont exposés « avec autant de clarté que de brièveté, **22** principes économiques qui démontrent la nécessité de la liberté entière du commerce des grains [3] » :

« 1° La terre ne produit rien ou presque rien sans culture. 2° La culture exige un fonds primitif d'avances et de frais annuels. 3° Ce fonds doit être aussi sacré que la propriété des héritages mêmes. Il

---

1. Sur les conditions dans lesquelles a été composé ce Mémoire, voir Schelle, *Du Pont de Nemours et l'Ecole Physiocratique.* Paris, 1888, p. 25. Du Pont était alors secrétaire de l'intendant de Soissons, le chevalier Méliand.

2. « Que ceux qui ne sçavent ou ne veulent point compter ne s'avisent pas de nous contredire », p. 46. « Il y a des gens qui ne comptent pas, mais qui parlent : voici un chapitre exprès pour eux », p. 68, etc... Ceci est à rapprocher des aphorismes de Mirabeau : « Les calculs sont à la science économique ce que les os sont au corps humain... la science économique est approfondie et développée par l'examen et par le raisonnement, mais sans les calculs elle serait toujours une science indéterminée, confuse et livrée partout à l'erreur et au préjugé » (*Philosophie Rurale,* p. xix-xx). Voilà des ancêtres des économistes mathématiciens que Stanley Jévons a omis dans sa bibliographie, pourtant si accueillante, de l'école mathématique !

3. *Notice abrégée,* 1764, in *Ephémérides du Citoyen,* 1769, n° 3.

doit être d'autant plus respecté que la terre ne peut être enlevée, au lieu que les richesses d'exploitation peuvent être dérobées à la terre et portées ailleurs. Elles peuvent être attaquées sourdement sans que le gouvernement s'en aperçoive et s'échapper des mains du cultivateur, au grand préjudice de la reproduction. 4° La grande culture exige de fortes avances et donne un grand produit; la petite culture en exige moins mais ne rend presque rien, donc elle est plus coûteuse. 5° Les richesses avancées tous les ans et risquées par le cultivateur doivent être restituées tous les ans, avec l'intérêt de ses avances primitives et annuelles assez fort pour le mettre en état de subvenir aux accidents et de soutenir son atelier. Or cette restitution ne peut lui être faite que par la vente de ses denrées. 6° Il n'y a de produit net qu'après le remboursement des avances et le paiement du bénéfice ou intérêt dû au cultivateur. 7° Le cultivateur vit sur ce bénéfice ; mais l'Etat, le propriétaire, le clergé, les rentiers, toute la classe stérile et tout le reste de la nation ne vit que sur le produit net, c'est-à-dire sur ce qui excède la portion immune et inattaquable du cultivateur. 8° Il est donc bien intéressant pour toutes les classes de citoyens qu'il existe un grand produit net. Or la quotité du produit net dépend uniquement de la vente plus ou moins avantageuse des denrées. 9° Les denrées sont des biens par leur nature ; mais elles ne sont richesses que par leur valeur. 10° Donc l'abondance jointe à une grande valeur, est le point où il faut tendre : donc une nation ne doit jamais craindre de voir ses denrées à un prix trop haut (la disette à part), parce qu'elle ne doit pas craindre d'avoir un trop grand revenu. 11° Or la valeur vénale dépend du plus ou moins de consommation des denrées de premier besoin. 12° Donc si la quantité des denrées excède de beaucoup la consommation nationale, ce superflu n'est plus richesse et nuit à la valeur du nécessaire. Il faut 60 septiers au lieu de 40 pour rembourser le cultivateur, 30 au lieu de 20 pour payer le propriétaire, 18 au lieu de 12 pour payer l'impôt: c'est 36 septiers de perte sur 108. 13° Le bled est la denrée la plus nécessaire ; mais on ne peut en faire d'excès : la consommation dépend du plus ou moins de population ; donc si la population nationale ne suffit pas, il est indispensable, pour soutenir la valeur, d'aller chercher des consommateurs par le moyen du commerce à qui il appartient de procurer le débit et la valeur. 14° Quand même la consommation nationale serait au pair avec l'agriculture, il faudrait encore exporter si on veut étendre la culture qui n'a d'autres bornes que la consommation. 15° La culture étant impraticable sans le secours des bestiaux, soit comme agens, soit comme engrais, l'accroissement de la culture entraîne la multiplication des bestiaux; nouvelle branche de richesses pour la nation. 16° Mais s'il dépend d'une nation de faire tomber la valeur de ses grains, et d'anéantir son revenu, en fermant toutes les communications ; il ne dépend pas d'elle de donner à ses denrées autant de valeur qu'elle pourrait le désirer. Tout ce qu'elle peut faire est de participer au prix commun des grains chez les nations voisines, et même l'effet de la concurrence sera de le faire tomber. (Il est à 21 livres le septier en Angleterre; il tombera à 18 liv. dès que la France se présentera pour le partager). 17° Or c'est le commerce qui établit ce niveau invariable entre les nations commerçantes. 18° Il faut donc décharger ce commerce de toute espèce de droits au dedans et au dehors du Royaume : car tout impôt donne aux étrangers un avantage sur nous ; et il faut donc lui laisser la plus grande liberté au dedans et au dehors, pour l'entrée et pour la sortie, pour les regnicoles et pour les étrangers, car qu'importe qui nous débarrasse de notre superflu et nous voiture nos denrées. Le grand intérêt d'une nation agricole est de vendre, et de procurer à ses productions des débouchés à moindres frais qu'il est possible, parce que les frais sont pris sur la chose, diminuent le bénéfice et font un grand obstacle à la sortie. Elle doit donc établir la concurrence entre ses voituriers et les voituriers étrangers et ne pas restreindre son exportatation pour vouloir profiter seule du mince bénéfice de la voiture, surtout lorsqu'elle n'a pas assez de vaisseaux pour y suffire et que les étrangers ont le fret moins cher. 19° Le commerce des premières denrées est donc le commerce le plus essentiel d'une nation agricole. Plus il est rapide et libre, et plus les denrées ont de valeur, plus la production est forte, plus il y a de produit net, plus la nation est riche, plus le propriétaire a de revenu, plus il dépense et met les autres classes en état de dépenser, par conséquent plus la population augmente, car elle est toujours en raison des moyens de subsistance. 20° Le grand avantage de l'exportation ne consiste pas tant dans la quantité de grains qu'on peut exporter et qui sera très bornée par la concurrence que dans la participation au prix commun de l'Europe, dans l'avantage d'un prix égal et soutenu, dans la petite augmentation de valeur, mais constante, qui fera refluer plus de richesses dans les campagnes où elles se reproduisent au centuple : 20 sols de plus par septier sur le froment, 10 sols sur les menus grains, forment un bénéfice pour les cultivateurs de 50 millions, somme au dessus du montant du pied de la taille. 21° Voici la marche du revenu dans l'Etat prospère : il est distribué par les propriétaires, moitié à la classe productive, moitié à la classe stérile, mais de manière que chaque moitié, sans s'arrêter un instant, passe et repasse de l'une à l'autre classe par le moyen des achats et des ventes nécessités par les besoins mutuels, ce qui opère un renversement continuel et réciproque qui fait mouvoir et vivifie toute la machine économique. 22° Donc puisque tout le revenu passe par chacune des deux classes, il est aussi intéressant pour la classe stérile qu'il l'est pour la classe productive, que les denrées ayent une grande valeur, ou ce qui est la même chose, qu'il y ait un grand revenu dans l'Etat, parce que tout le revenu se dépense annuellement et que la dépense procure du salaire et de l'ouvrage à tous ceux qui ne vivent que de leur travail [1] ».

Ainsi, jusqu'à ce point, l'accord est parfait entre Quesnay et ses disciples, et la fermeté des conclusions ne peut laisser, aucun doute sur l'étendue de la liberté que l'Ecole réclame en faveur de l'agriculture : c'est la liberté entière et sans restrictions, aussi bien celle de l'importation que celle de l'exportation, et il ne saurait en être autrement : la liberté étant le seul moyen de remédier à l'avilissement et de faire participer les produits agricoles au prix commun du marché général.

On nous pardonnera d'insister sur ce point : mais certains auteurs ont cru pouvoir établir que Quesnay, *en ce qui concerne les produits agricoles*, n'était pas purement libre échangiste : — que le régime commercial qu'il souhaitait, c'était, au fond, le régime des interdictions à l'importation et des

---

1. *Discours sur l'Etat actuel de la Magistrature et sur les causes de sa décadence*, 1763, pp. 72-74.

primes à l'exportation pratiqué en Angleterre depuis 1689 [1] : — ou encore, que si les conclusions basées sur la théorie du produit net sont des conclusions libérales, c'est qu'alors la liberté était le seul moyen d'assurer le *bon prix* des grains ; si, au contraire, dès son époque, la question avait pu se poser pratiquement de protéger les produits agricoles, il eut admis, sans aucun doute et avec empressement, l'emploi des droits protecteurs en leur faveur [2].

Rien n'est moins justifié, croyons-nous, que cette façon de voir. Il est d'abord impossible de relever, dans l'œuvre de Quesnay, une seule phrase en faveur d'une mesure protectionniste quelconque : et le Docteur s'est, notamment, — à l'inverse d'A. Smith, soit dit en passant, — prononcé nettement contre toute tentative de représailles douanières [3]. Il faut voir de plus

---

1. V. Oncken, *Geschichte der Nationalœkonomie*, p. 376 (son erreur, notamment, quand il assimile le prix de 18 liv. par sept. — *prix commun* que doit établir la concurrence sur le marché général — aux prix fixés *législativement* en Angleterre). Même point de vue in Gide et Rist, *Histoire des Doctrines économiques*, p. 19 et 33.

2. Sauvaire-Jourdan, *loc. cit.*, p. 611.

3. *Notes de Quesnay au manuscrit de la Théorie de l'impôt* (1760) (*Manuscrits économiques de Quesnay et de Mirabeau*, publiés par G. Weulersse, Paris, Geuthner, 1910, p. 57) : « Cette peine du talion n'est ici autre chose que gêne pour gêne au préjudice du commerce. Dans le point de vue dont il s'agit ici, est-ce le commerce de la nation ou le commerce du commerçant que l'on veut venger ? Ce ne peut être que le dernier. Mais combien cette vengeance ne serait-elle pas préjudiciable au commerce de la nation puisqu'elle ne peut avoir d'autre effet que d'écarter une partie des acheteurs de nos denrées ! Or que nous importe si un acheteur est Anglais, Français, Hollandais, etc., pourvu que nous ayons la plus grande concurrence possible d'acheteurs pour vendre au meilleur prix possible. S'il était aussi question de nous faire payer la sortie de nos marchandises à cause que l'étranger nous en fait payer l'entrée chez lui, ce serait sans doute les accabler d'une double charge qui pèserait d'autant sur la vente de la première main au préjudice du vendeur, et de plus une diminution certaine du débit, d'où résulte encore une diminution certaine de prix. Enfin est-il question encore de faire payer l'entrée des marchandises de l'étranger parce qu'il fait payer chez lui l'entrée des nôtres ? Sur qui tombera cette entrée que nous ferons payer chez nous ? Ne sera-ce pas, du moins pour la plus grande partie, sur nous ? N'est-ce pas là battre notre cheval parce que notre voisin l'a battu ? Peine du talion bien entendue ! » Quesnay aboutit donc au libre échange *absolu et unilatéral*, auquel, suivant M. Vignes, était déjà parvenu d'Argenson dans ses *Considérations sur le gouvernement ancien et présent de la France*, composées avant 1750 et publiées en 1765. (J.-B. Maurice Vignes, *Les origines et les destinées de la Dîme Royale de Vauban*, Paris 1909, p. 301).

comment, dès cette époque, la question de protéger artificiellement l'agriculture se posait bien pratiquement (il aurait suffi d'adopter le système anglais) : mais la théorie du produit net, à défaut d'un principe plus général, s'opposait à ce que Quesnay pût jamais admettre des mesures protectrices. La grande habileté de M. Dubois, dans sa réfutation précitée, consiste précisément, comme déjà on l'a justement fait remarquer [1], à établir ceci : la théorie de l'incidence des impôts indirects de Quesnay ne lui permettait pas d'être autre chose que libre échangiste ; car de deux choses l'une : ou bien les droits protecteurs auraient été supportés par l'étranger ; et alors le prix des denrées agricoles du pays n'en aurait pas été relevé; ou bien ils auraient été supportés par les habitants, et c'est alors l'agriculture qui les aurait finalement payés. Tout impôt, quel qu'il soit, sur quelque personne ou sur quelque objet qu'il soit assis, se répercute toujours sur le produit net [2]. Aux citations probantes de M. Dubois, nous nous contenterons d'ajouter celle-ci, tirée de l'article *Impôts* : « Tous droits d'entrée et de sortie, toutes prohibitions et tous règlements qui contraignent le commerce intérieur et extérieur diminuent le fond des richesses de l'Etat et les revenus du souverain : toute imposition de droits préjudiciables au commerce et à la production des denrées est imposition destructive [3] ».

Ainsi donc, et même à s'en tenir à ce point de vue purement technique, en admettant même qu'ils soient guidés moins par des principes tirés du droit naturel que par un souci exclusif d'avantager l'agriculture, en vue d'obtenir le meilleur produit net, on voit à quelles conclusions — bien différentes de celles de Boisguillebert et d'Herbert, et par leurs motifs et par

---

1. A. Deschamps, dans une étude sur les publications ci-dessus indiquées. *Revue d'Economie politique*, 1905, p. 265.
2. A. Dubois, *loc. cit.*, p. 225.
3. Article *Impôts, loc. cit.*, p. 169.

leur portée, — aboutissent logiquement les Physiocrates. Leur solution libérale découle rigoureusement d'un système économique, *du Système* comme on commençait à dire, — et cette solution est aussi complète et aussi absolue qu'il est possible. Aussi bien, les contemporains, amis ou adversaires, n'eurent pas un instant de doute sur ce point et l'argument ne doit pas être méprisé : « On se figure trop, disait Sainte-Beuve, quand on vit à une époque déjà éloignée des contestations, qu'elles n'ont pas été jugées de leur temps comme on les juge après coup. Nous croyons trop découvrir la sagesse et le bon sens sur des questions dont les contemporains paraissent avoir été seulement les jouets et les dupes. C'est une erreur, c'est un peu de flatterie qu'on se fait. Il y a eu, parmi les contemporains les plus engagés, bien des hommes qui ont vu juste et qui ont eu les mêmes pensées bien avant nous. »

Est-il permis d'aller plus loin ? Ce point de vue technique n'est-il pas commandé lui-même par un principe d'ordre plus général, tiré du droit naturel ? On a cru pouvoir le démontrer : « dérivant de la théorie du produit net, le libre échangisme de Quesnay est par là même fondé sur le *Droit naturel* et l'*Ordre naturel* tels qu'il les conçoit. »[1] Mais, en sens inverse, — et sans nier d'ailleurs la part de l'élément *a priori* dans la formation de la doctrine libérale chez Quesnay et que la liberté du commerce y soit conçue comme faisant partie de l'*Ordre naturel,* — des auteurs non moins avertis ont cru pouvoir établir que ce n'était pas là l'élément prépondérant dans l'œuvre de Quesnay : la liberté du commerce, en dépendance étroite de la théorie du produit net et de la théorie de la stérilité de tout travail non agricole, apparaît surtout comme « une *règle pratique,* justifiée en fait comme la meil-

---

1. Dubois, *loc. cit.,* p. 211.

leure politique à suivre pour assurer la prospérité de l'agriculture, fondement de la prospérité générale » [1].

La divergence comme on voit, ne porte en rien sur l'étendue de la solution libérale proposée par Quesnay, et nous pourrions, du point de vue particulier auquel nous nous sommes placés, nous satisfaire de savoir que Quesnay et ses premiers disciples demandent *la liberté entière* et de connaître leurs raisons immédiates. Cependant, et sans vouloir reprendre dans le détail les arguments, très habilement présentés de part et d'autre, il n'est peut-être pas inutile d'aborder cet aspect plus général et de proposer quelques conclusions.

Il semble bien difficile d'une part, de séparer la règle pratique de la liberté du commerce, *la conclusion d'art*, de la conception plus générale de l'Ordre, — ou du Droit, — naturel : chez Quesnay, l'art économique apparaît bien n'être qu'une simple transposition de la Science. Suffit-il d'invoquer que la notion d'Ordre naturel n'est point explicitement développée dans l'article *Grains* [2], pas plus que dans les articles *Hommes* et *Impôts*, — et n'est-elle point forcément impliquée dans le *Tableau Economique*, que Quesnay appelle quelque part « le tableau fondamental de l'ordre économique [3] », et dans le système considéré dans son ensemble ? Sans reprendre ici l'argumentation de M. Dubois ni ses citations qu'on pourrait compléter encore d'après des sources plus

---

1. Truchy, *art. cit.*, 927, 929 : V. également Oncken, v° *Quesnay* in *Handwörterbuch der Staatswissenschaften*, 3° éd., 6° vol., p. 1275 : « Aus allem diesem, ergibt sich mit Deutlichkeit, das bei Quesnay die freie Konkurrenz und der freie Handel für die positive Ordnung keineswegs absolute Vorschriften sind. Sie erscheinen hier mehr als Mittel denn als Principien und haben sich als solche der Verwirklichung des « ordre naturel » unterzuordnen ».

2. Sauvaire-Jourdain, *art. cit.*, p. 609. Mais M. Dubois cite à son tour le chapitre de l'*Essai physique sur l'économie animale* qui prouve, suivant Oncken, que les notions d'Ordre, de Droit naturel existaient déjà dans l'esprit de Quesnay en 1747 (*art. cit.*, p. 224, note 2). Voir *infra*, p. xx, note 1.

3. Lettre de Quesnay à Mirabeau, reproduite par Schelle, *le Docteur Quesnay*, p. 389.

récemment découvertes [1]. ne voit-on pas que le seul fait de déclarer que *seule l'agriculture est productrice de valeurs nouvelles*, suppose toute une philosophie économique antérieure, celle-là même qui se confond avec la croyance à un *Ordre naturel*, c'est-à-dire à un ensemble de lois naturelles, *physiques*, voulues par la Providence pour le bonheur des hommes. Quesnay découvre d'abord ces lois physiques : c'est une *loi physique*, qui décide que seule l'agriculture est productrice de valeurs sociales nouvelles : c'est encore une *loi physique*, qui fait que le maximum de richesse nationale ne peut être obtenu que par le maximum de produit net (le but n'est donc pas d'assurer la prospérité de l'agriculture considérée en soi, mais bien de réaliser la plus grande richesse nationale) ; c'est autre *loi de la nature*, enfin, qui veut que la liberté entière soit l'unique moyen d'obtenir le maximum de produit net et par conséquent le maximum de richesse nationale. Ces lois naturelles une fois découvertes, il suffit d'un simple raisonnement déductif pour passer à la conclusion d'art, à la règle pratique, qui nous apparaît ainsi inséparable des lois naturelles scientifiques.

Supposons, pour un moment, un renversement dans les termes du système de Quesnay et que pour lui l'industrie — ou le commerce — soit seule créatrice du produit net : le système resterait intact : le même enchaînement de *lois physiques* aboutirait à faire proclamer qu'ici encore la liberté est

---

1. Art. *Hommes*, *loc. cit.*, p. 20-21, 36-37. V. particulièrement les *Notes de Quesnay au Manuscrit de la Théorie de l'Impôt* (donc avant 1760) : Weulersse, *op. cit.*, p. 53 : « Hors de là il y a des lois, de l'ordre, de la règle, qui sont dictés et maintenus par le droit naturel ; et en ceci, le droit naturel doit être éclairé par la connaissance d'un impôt convenable et régulier. Et c'est cette connaissance approfondie et mise en évidence qui doit elle-même donner la loi au souverain et aux sujets, loi naturelle et souveraine sans laquelle il ne peut y avoir de gouvernements assurés. »

Si, suivant Quesnay, la théorie de l'impôt, qui dérive de la théorie du produit net, est à ce point déduite de l'Ordre naturel, *a fortiori*, la théorie du produit net dérive-t-elle de l'Ordre naturel.

le seul moyen de réaliser le maximum de produit net et le maximum de richesse sociale. Qu'on songe enfin, et il est étonnant que cet argument de fait n'ait pas été utilisé plus directement, à l'étroite et assidue collaboration de Quesnay dans la rédaction de la *Philosophie Rurale*, première grande systématisation de la doctrine, dont toute la préface développe la notion d'*ordre*, et l'on devra conclure, croyons-nous, à l'indissolubilité des notions de produit net et d'ordre naturel.

Il n'en reste pas moins, d'autre part, que le libéralisme de Quesnay est à base assez étroite et peut-être fragile : mais cela, *uniquement*, parce qu'il reconnaît à l'agriculture *seule* le caractère productif. La doctrine libérale n'apparaîtra dans toute son « intégralité » que du jour où l'industrie et le commerce définitivement absous du reproche de *stérilité*, la liberté, pour eux, sera considérée non plus seulement comme devant empêcher un mal (à savoir en réduisant au minimum des services dispendieux), mais comme un bien positif et le seul moyen de leur faire produire à leur tour le maximum d'utilités nouvelles. C'est ce point de vue si particulier de la doctrine de Quesnay qui peut faire se demander quelle aurait été l'attitude du Docteur le jour où, par les effets de cette concurrence des pays neufs qu'il a si remarquablement prévue, le produit net se serait trouvé compromis précisément par la liberté elle-même. M. Dubois ne reconnaît-il pas que « sans doute, s'il était prouvé qu'il dépendît du législateur d'augmenter le revenu net, au moyen de tarifs douaniers par exemple, son intervention devrait être regardée par Quesnay comme conforme au droit naturel [1] ? » Et il est au moins un exemple qui pourrait faire pencher pour l'affirmative : la

1. Dubois, *art. cit.*, p. 224. — V. également Deschamps, *loc. cit.*, p. 266.

liberté du taux de l'intérêt repoussée par Quesnay comme nuisible aux intérêts de l'agriculture.

Aussi bien ne devons-nous point rechercher ce qui *aurait pu* être, mais ce qui fût et considérer les seules circonstances que Quesnay eût à envisager : dès lors, l'exemple du taux de l'intérêt ne saurait suffire à faire douter du libéralisme du Docteur : on ne doit point attribuer à ce précédent une importance exagérée. Le libéralisme d'A. Smith doit-il être nié parce qu'il admet encore certaines mesures restrictives ? N'a-t-on pu, en citant quelques extraits des rapports de Gournay, contester également les tendances libérales de celui en qui on croyait reconnaître le véritable ancêtre des libéraux modernes [1] ?

D'autre part, et sans nier certaines divergences entre Quesnay et quelques-uns de ses disciples, est-il possible d'établir entre eux et lui une séparation si complète ? On remarquera que, ni dans les œuvres de Du Pont ni dans celles de Le Trosne, antérieures à 1765, le principe de liberté économique n'apparaît exprimé indépendamment de la théorie du produit net. Du Pont parle seulement dans sa *Préface* (p. IV) de cette « Science impor-
« tante et sublime avec laquelle on pèse le destin des Empires
« dont la félicité sera toujours plus ou moins grande, à raison
« de ce qu'on s'y attachera plus ou moins à l'observation de
« l'*Ordre invariable* que la nature a mis dans la dépense et la
« reproduction des richesses. » Et plus loin : « Balance
« sublime de la Nature, tu n'es bien qu'entre les mains de
« ton Auteur. Toutes les fois que des créatures faibles et bor-
« nées, sujettes aux passions et à l'ignorance, à l'intérêt et à
« l'erreur, ont osé s'arroger la direction, leur main vacillante
« n'a fait que précipiter alternativement tes bassins » (p. 163).
Mais ne peut-on, toujours avant 1765, citer de Quesnay des

---

1. V. l'art. de Des Cilleuls : *Vincent de Gournay d'après des travaux récents. Réforme sociale*, 16 fév. 1898.

paroles analogues, et ces deux phrases suffiraient-elles d'ailleurs à ranger dans deux camps opposés Quesnay et son jeune
élève ? Le plus sage semble donc, après avoir cherché à déterminer les motifs immédiats ou plus lointains de l'attitude de
Quesnay et de ses premiers disciples, de s'en tenir fermement
à la conclusion qu'ils apportent : « Il est essentiel que le
« commerce extérieur jouisse, ainsi que le commerce intérieur,
« *de la plus grande liberté* afin d'assurer aux productions du
« territoire la participation au prix courant et peu variable
« du marché général [1]. » — « C'est dans la liberté indispen-
« sable, — *générale, entière, absolue* et *irrévocable* du com-
« merce extérieur des grains, — que consiste principalement
« le système régénérateur, la *vraie Richesse de l'État* [2]. »

Il est aisé de voir quelles différences radicales séparent ces
conclusions de celles proposées par la plupart des auteurs de
la période précédente : précisons seulement ici deux points
importants :

1° Quesnay et ses disciples se préoccupent comme Dupin,
Forbonnais, Dangeul, Herbert, de remédier à l'avilissement
du prix des grains : eux aussi vont rechercher le « taux raisonnable pour l'acheteur et le vendeur », « le juste équilibre
du prix des denrées » [3], *le bon prix* comme ils diront désormais.
Mais aucun des précurseurs du mouvement libéral ne définit
de façon exacte ce qu'il convient d'entendre par juste équilibre et taux raisonnable : on sent seulement que, pour eux,
il s'agit d'un certain relèvement du prix des grains alors artificiellement déprimé. — Dans le système physiocratique, rien de
plus aisé à déterminer que le *bon prix* : c'est le *prix commun*

---

1. Quesnay, éd Oncken, p. 419, note 1.
2. Du Pont, *Mémoire*, pp. vii, 127.
3. V. l'Introduction à l'*Essai* d'Herbert, p. xxxv.

et peu variable du *marché général*, celui que *la concurrence établit entre les nations librement commerçantes.* Les chiffre que Quesnay, Du Pont ou Le Trosne proposent sont par con séquent des chiffres provisoires, hypothétiques et simplemen présumés par voie de raisonnement : l'expérience seule s chargera de les vérifier. Ainsi Du Pont, d'après ses calculs proposera le prix de 18 liv. comme *prix commun de l'ache teur,* 17 liv. 12 sols *prix commun du vendeur.* Qu'import que ces prix soient exactement ceux qu'établira le régime d liberté : les avantages de la participation au prix général d marché (v. page 31) n'en subsistent pas moins, et l'écart entr les deux prix de l'acheteur et du vendeur ne saurait jamai s'accentuer beaucoup. Les Physiocrates peuvent donc présen ter la liberté comme favorable à la fois à l'acheteur et au ven deur, et rien n'est plus logique que leur argumentation quan on sait ce qu'ils entendent précisément par *bon prix* et mêm par *cherté.*

2° Leur solution libérale n'est point proposée d'autre part comme un simple remède aux maux qui retiennent presqu exclusivement l'attention des écrivains de la période anté rieure. Quesnay et ses amis ne s'appesantissent guère sur le dangers de l'excessive abondance que suivent aussitôt la véri table cherté et la disette : c'est en passant qu'ils en traitent pour écarter d'un mot certains contradicteurs qu'ils supposen d'ordinaire peu experts dans l'art de raisonner et fort pusilla nimes : volontiers laisseraient-ils leurs objections sans réponse « n'ayant nulle envie de ressembler à ce voyageur qui avai entrepris de tuer toutes les grenouilles qui l'étourdissaient en passant. » Ils ne se placent même pas à vrai dire au poin de vue de l'intérêt général de l'agriculture et nombre des argu ments présentés par Herbert ou Boisguillebert ne seront plu utilisés par eux. Le but qu'ils assignent à la réforme libérale est plus élevé : il s'agit avant tout, et par un mécanisme que nous connaissons, d'accroître la richesse nationale, de « tripler nos revenus » : la liberté, en dernière analyse, c'est « *la grande et belle opération de finances* ». Et ceci rentre parfaitement dans la logique du système : pratiquement, il est de fortes chances pour que cette conséquence de la liberté aît été de beaucoup la plus appréciée des cercles gouvernementaux. C'est à l'auteur des *Réflexions sur la Richesse de l'Etat*, et du *Mémoire sur l'exportation et l'inportation* que sera confié le soin de rédiger le préambule de l'édit de 1764.

*
* *

Mais Quesnay et ses disciples ne sont point les seuls, entre 1759 et 1764, à mener le combat pour la liberté du commerce des grains. L'influence de Gournay continue à agir parallèlement à celle de Quesnay : le mouvement provoqué par la publication de l'*Essai sur la police générale des grains* se poursuit quelques années encore : en même temps d'ailleurs les solutions proposées se modifient : elles s'épurent, peut-on dire, et c'est à des solutions nettement libérales que nous allons voir aboutir les deux principaux alliés des Physiocrates : Abeille et Morellet.

Pendant toute la première période, en effet, le parti réformateur groupé autour de Gournay a tenu les yeux constamment fixés sur l'Angleterre : la méthode inaugurée par les Anglais en 1689 hante l'esprit de tous ceux que préoccupe alors le dépérissement de notre agriculture : la législation anglaise est devenue « pour ainsi dire l'arsenal où chacun puise des armes » — le *grand cheval de bataille des exportateurs*, dira plus tard l'abbé Galiani : Forbonnais, Dangeul, Goudar proposent, avec plus ou moins de correctifs, l'adop-

tion de cette police qui a si incontestablement ranimé la cul
ture d'outre-manche : la *contrefaçon* de Dupin et d'Herber
n'est qu'une des formes de l'imitation, et nous savons, d'ail
leurs, que l'auteur de l'*Essai* envisageait la possibilité ulté
rieure d'appliquer le pur système anglais.

La brochure d'Abeille, *Réflexions sur la police des grain
en France et en Angleterre* [1], doit nous apparaître comme la
réaction très caractéristique contre cette erreur, fort explicable sans doute, mais certaine, de ceux qui partaient de
l'idée de liberté pour conclure seulement à une réglementatior
différente : l'étude plus exacte et complète des effets de la
police anglaise va aboutir à la faire condamner au même titre
que la réglementation française : cet opuscule marque donc
une étape dans l'histoire des Doctrines relatives à la liberté
du Commerce des grains, et présente sans doute une importance historique supérieure à celle des autres ouvrages
d'Abeille, plus connus cependant, publiés postérieurement à
1764 : les conclusions des élèves de Gournay seront désormais,
sur ce point, identiques à celles de Quesnay et de ses disciples.

Cette proposition, inspirée par un ouvrage d'Abeille, risque
d'étonner : Louis-Paul Abeille étant le plus généralement
rangé au nombre des Physiocrates. Sans doute, il fit partie de
la secte économiste, pour fort peu de temps d'ailleurs, car il
rompit avec éclat, en 1768, pour des raisons demeurées obs-
cures. Peut-être fut-il, après la mort de Gournay (1759), en
relations suivies avec le Docteur Quesnay, mais rien cependant ne permet d'affirmer qu'en 1764 il aît formellement
adhéré à la nouvelle doctrine. En tout cas, sa solution libérale ne dérive pas de la théorie du *produit net* et ce serait
déjà une raison suffisante pour le distinguer ici de Quesnay

1. Paris, mars 1764, in-12, 52 pages.

et de Du Pont. D'autre part, ses rapports avec Gournay sont certains : Oncken le range, avec raison, à l'extrême droite de la « *liberal-administrative Schule* » de Gournay, entre Herbert et Turgot [1] : c'est avec Gournay et Montaudouin de la Touche qu'il fonde *la Société d'Agriculture, de Commerce et des Arts de Bretagne* : l'argumentation que, dès 1757, il fait valoir au sein de cette Assemblée [2], c'est-à-dire à une époque où Quesnay n'avait point encore exposé son système, est déjà celle qu'il reprendra plus tard : enfin les *Réflexions sur la police des grains en France et en Angleterre* développent et précisent le point de vue que le collaborateur d'Abeille avait précisément indiqué dès 1757 : « il n'est pas vrai, dit Montaudouin dans le *Supplément à l'Essai*, que le commerce des grains soit libre en Angleterre » (p. 160). L'école de Gournay aboutit donc bien d'elle-même à « répudier » le système anglais.

Ceux qui se réclament de l'exemple de l'Angleterre, dit Abeille, pour demander la liberté du commerce des grains, font fausse route : les partisans de la prohibition se rapprochent beaucoup plus des principes suivis outre-manche. Le principal but de la police anglaise est de chasser le blé des étrangers : par des voies différentes, nos prohibitions à la sortie atteignent au même résultat. « Le commerce des grains n'est pas proprement libre en Angleterre, puisqu'il est chargé d'entraves au dedans et au dehors. En France, il est permis pour l'entrée et prohibé pour la sortie. On demande aujourd'hui pour ce commerce une liberté absolue et permanente. Voilà trois plans différents. » Ainsi la question est nettement posée. Suit la critique de la police

---

1. *Geschichte der Nationalœkonomie*, p. 290.
2. *Corps d'observations de la Société d'Agriculture, de Commerce et des Arts établie par les Etats de Bretagne*, années 1757-1758, pp. 100 à 114 ; années 1759-1760, pp. 166-173-194 (dans l'édition in-8 de 1772).

anglaise qu'on trouvera plus loin (p. 14-20) : pas un seul de
véritables partisans de la liberté d'exportation ne voudr
donc de ce plan « nuisible et défectueux » (p. 21) : et le
partisans de la prohibition se prononceront également contr
lui, « encore qu'à la considérer dans ses effets la polic
anglaise se rapproche beaucoup plus du système des prohibi
tions que de celui de la liberté ». Mais aujourd'hui le public
— ajoute Abeille, et son affirmation en 1764 était rigoureuse
ment exacte, — « ne connaît plus d'écrivain qui se soit rendr
l'apologiste des prohibitions. » La Nation est unanime à réclamer la liberté, cette liberté « qui suppose qu'en tout temps
en toute circonstance on pourra *importer* ou *exporter* no
grains », — « seule police qui soit fondée sur la nature, su
la raison, sur l'expérience ». Abeille termine par l'examer
d'une double et parallèle objection : pourquoi, d'une part, l
France a-t-elle éprouvé des disettes marquées, après des exportations générales permises par le gouvernement : d'autre part,
pourquoi l'Angleterre a-t-elle dû recourir parfois à des prohibitions de sortie ? Il lui est facile de répondre : Herbert
d'ailleurs a déjà fourni la réponse à la première objection ;
contre la seconde, Abeille reprend les arguments qui lui ont
fait condamner la police anglaise : « c'est le défaut de liberté
dans *l'importation* qui force quelquefois à restreindre celle du
commerce d'exportation. » Que les adversaires de la liberté
trouvent donc autre chose ou bien qu'ils se taisent : « on doit
au bien de sa Patrie ou des lumières, ou de la docilité. »

Nous n'ajouterons ici qu'une seule remarque : Quesnay et
ses amis goûtèrent fort, nous dit-on, les *Réflexions* d'Abeille
et les mirent plus tard au rang des classiques de la science.
Comment l'eussent-ils pu faire si véritablement la police
anglaise avait été pour eux l'idéal de la législation des
céréales ?

La Lettre d'un négociant sur la Nature du Commerce des grains [1] qu'Abeille avait publiée l'année précédente (elle est datée du 8 octobre 1763), de même que le *Fragment de Lettre* [adressée à Malesherbes] *sur la police des Grains* [2] de l'abbé Morellet, ne sont point simplement, comme on le pourrait croire au premier examen, des écrits de circonstance : l'exposition des principes y tient de beaucoup la première place et toutes les deux méritent, à ce titre, de nous retenir quelques instants.

La Déclaration du 25 Mai 1763, sur la liberté de circulation intérieure venait d'être rendue : mais aux yeux des libéraux « mettre en mouvement le seul commerce intérieur » était insuffisant, et tout leur effort tendait à obtenir la liberté de l'exportation. Or « tandis qu'on entassait raisons sur raisons, pour persuader les avantages d'une libre exportation, les Renitens n'y opposaient d'autres objections que les nouvelles qu'on recevait alors d'Italie. Ils disaient, voilà l'effet de la liberté du commerce des bleds. Il parut alors une petite brochure faite par des hommes d'esprit, qui prouva qu'en Italie il n'y avait rien moins qu'une pleine liberté, et cela suffit pour convertir tout le monde : on fut persuadé, on fit l'Edit » [3].

C'est « *deux* brochures » qu'il faut lire : Galiani ne vise que celle de Morellet qui protestera plus tard contre le pluriel « hommes d'esprit » et prétendra l'avoir bien composée à lui seul. La brochure d'Abeille se proposait le même objet, d'où sans doute la double confusion commise par l'abbé Galiani.

Ne croyez rien, — dit en substance Abeille à son correspondant, — des nouvelles qu'on dit avoir reçues de Naples et de Palerme : le simple bon sens les dément. Comment, la

---

1. Marseille, in-8, 23 p.
2. Bruxelles et Paris, 1764, in-12, 35 pages.
3. Galiani, *Dialogues sur le Commerce des Bleds*, p. 10, 11.

disette de blé dont souffrent ces Royaumes aurait engagé le
gouvernements à prohiber l'exportation des grains ! Mai
quoi bon se tourmenter pour retenir une denrée qu'une b
rière infranchissable empêchera de sortir ? Ils ont trop peu
blé ; donc il est cher, donc la sortie en est impossible.
réglement prohibitif ne servirait qu'à le faire renchérir enc
en provoquant la panique dans le populaire. Surtout la pro
bition écartera les étrangers que l'appât du gain porter
d'abord à venir secourir ces pays : et, en effet, les comm
çants de Hambourg ou d'Amsterdam ne viendront pas se fa
mettre aux fers dans le port de Naples : or le concours
plus grand nombre possible de marchands est désirable : se
il fera baisser les prix. La liberté, lorsqu'elle est général
établit un niveau général dans le prix des grains. Qu'on lais
donc agir le commerce si on ne veut manquer de rien.

On retrouvera dans cette *Lettre* les arguments favo
d'Herbert, voire certaines de ses maximes à peine déma
quées : les prohibitions ne font qu'engendrer la paniq
« sans ajouter un seul grain de blé ; » — les opératio
publiques sur les grains sont dangereuses : pourquoi ne p
laisser agir le « seul moteur » du commerce, l'intérêt, « q
fait rouler toute la machine » : aucun marchand ne ve
perdre ; poursuivant son intérêt particulier il réalise, sa
s'en douter, quelque chose de favorable au bien génér
etc... La simplicité des raisons invoquées en faveur de l'enti
liberté frappera plus encore après la lecture du *Mémoire*
Du Pont. On remarquera également que la sympath
d'Abeille à l'égard des *intermédiaires* n'est pas douteuse :
n'en saurait dire autant de Quesnay qui ne se place qu'au poi
de vue de la vente des productions « à première main
Abeille au contraire insiste, tout comme Herbert, sur l'utili
des marchands, la nécessité du magasinage, etc...

Mais sur d'autres points cependant, Abeille se sépare

l'auteur de l'*Essai* et se rapproche très sensiblement des Physiocrates. Par la fermeté de ses conclusions d'abord : c'est la liberté entière qu'il réclame, « laissez-nous faire », et ceci d'ailleurs ne le distingue pas de Montaudouin de la Touche : partant du principe de l'*intérêt personnel*, on doit logiquement conclure à la liberté illimitée : point de primes à l'importation : « si la disette est urgente le prix du bled sera fort cher, ainsi il donnera lui-même la gratification » ; — point de droits à la sortie : « le prix du grain s'appesantira de lui-même à mesure qu'il deviendra moins abondant: il nous restera sans aucune défense. » — Mais déjà, sans aller cependant jusqu'à la théorie du produit net, Abeille voit qu'un royaume serait ruiné « si le prix de la production ne fournissait pas : 1° de quoi la produire ; 2° de quoi faire subsister le cultivateur ; 3° de quoi payer le revenu du propriétaire, la dîme, l'impôt » (p. 17). Plus nettement qu'Herbert, et presque dans les mêmes termes que les Physiocrates, il détermine le véritable et salutaire effet de la liberté : « elle établit un niveau général dans le prix des grains... *le prix commun* qui s'établit par le versement des denrées des lieux où elles abondent dans ceux où elles manquent n'est et ne peut être le fruit d'aucune administration : c'est l'ouvrage de l'intérêt ou si l'on veut du commerce. » (p. 14) Enfin, et quoique d'une façon un peu détournée, il introduit en faveur de la liberté un argument qui sera généralisé et repris maintes fois par les Physiocrates : l'argument tiré du *droit de propriété* (p. 19 et s.). Voilà, semble-t-il bien, un libéralisme « intégral » qui combine les meilleurs arguments d'Herbert et des Physiocrates, et ceci montre assez le chemin qui a été parcouru depuis 1750.

La réponse de l'abbé Morellet est conçue à peu près dans le même esprit que la brochure d'Abeille. Seul le mode de présentation des idées diffère. Morellet d'abord précise l'objec-

tion des réglementaires : « Voilà des pays qui produisent p[lus]
de bled qu'ils n'en consomment, qui exportent continuel[le]
ment et qui cependant éprouvent la disette : la liberté [de]
l'exportation ne procure donc pas l'abondance et le bon ma[r]
ché comme le prétendent les défenseurs de la liberté [du]
commerce des grains. » Mais il s'agit précisément, répliq[ue]
l'abbé, de savoir si le commerce des grains est libre dans l[es]
Deux-Siciles : or il n'y a rien de plus contraire à la véri[té]
que cette supposition : Morellet le prouve, — surabondam[
ment, est-il besoin de le dire, — en mettant sous les yeux [du]
lecteur « ce qu'il a recueilli sur cela dans un voyage fait [en]
Italie en 1758 ».

Aussi bien, l'intérêt de la brochure ne réside-t-il pas da[ns]
cette démonstration, mais dans les conclusions de l'auteu[r :]
« C'est à regret, avoue-t-il lui-même, que je me suis occu[pé]
de cette question de fait... Quand la liberté la plus grand[e]
serait établie dans les Deux-Siciles et qu'avec la liberté c[es]
deux pays éprouveraient des disettes, je ne me croirais pa[s]
obligé d'abandonner pour cela les principes de la liberté d[u]
commerce. Il pourrait y avoir des causes de dépérissement [de]
l'agriculture et du commerce des grains que je ne connaîtra[is]
pas... Je ne pourrais pas expliquer pourquoi la liberté n'em[
pêche pas les disettes en Sicile et je n'en verrais pas moin[s]
évidemment qu'elle est absolument nécessaire en France [»]
[p. 22-23] Et sur ce point, Galiani donnera raison à Morellet[:]
« l'exemple de Rome, de Naples ne prouvait ni pour ni contr[e]
la France : l'exemple doit être pris *a simili*. L'expérienc[e]
doit avoir été faite sur un objet tout pareil, tout semblable[
sans quoi il ne prouve rien [1] ».

Mais ce n'est point seulement cet exemple que récus[e]
Morellet : ce sont tous les exemples, tous les faits : « Quan[d]

---

1. *Op. cit.*, p. 11.

on connaît le prix des principes, qu'a-t-on besoin de savoir ce qui se fait en Angleterre ou à Naples sur le commerce des grains ?.... Tous les problèmes de politique et d'administration peuvent toujours se réduire à cette question générale : *Comment se conduiront les hommes dans telle circonstance donnée ?* » Or « nous voyons dans la nature de l'homme un principe d'action toujours soutenu, toujours vigilant, toujours énergique: *l'intérêt*. N'en pouvons-nous pas conclure : 1° que si l'agriculteur vend son blé à un meilleur prix, il sera encouragé par son propre intérêt à travailler la terre avec plus de soin et à augmenter la reproduction ; 2° que si dans un pays où l'entrée et la sortie des grains sont libres, on manque de blé, le blé y étant dès lors plus cher, on y exportera de tous les endroits où il est à meilleur marché, parce que ce sera l'intérêt du marchand étranger, que l'espoir du gain attirera sûrement si des loix gênantes ne le repoussent pas; 3° que le marchand national, toujours guidé par son intérêt, ne s'avisera pas d'extraire une denrée d'un pays où elle est chère, pour la porter à ceux qui la payeront moins bien? » (p. 30-32). Et pour ces seules raisons, Morellet se déclare convaincu « qu'il n'y a qu'une liberté *entière et illimitée* qui puisse ranimer chez nous l'agriculture languissante et que cette partie essentielle de l'économie politique ne parviendra jamais à l'état florissant auquel elle peut arriver que lorsque le gouvernement oubliera qu'il croît du bled en France et que le bled est nécessaire pour vivre. »

Ici encore, comme on voit, ce sont les conclusions qui sont nouvelles plus que les points de départ : pour des motifs assez différents, Morellet, qui sur d'autre points restera protectionniste, se trouve pleinement d'accord avec Quesnay et Du Pont pour demander l'entière et illimitée liberté du commerce des grains.

La question du commerce des grains préoccupe encore bi
d'autres publicistes, et tous, à la veille de 1764, sont anim
d'un esprit de réforme. Forbonnais dans une *Lettre à l'Aute*
de la Gazette du Commerce, qu'on trouvera reproduite à
suite du *Mémoire* de Du Pont (p. 130) va jusqu'à reconnaît
qne la libre exportation des grains est « avantageuse, de dr
naturel et nécessaire », qu'elle est « la source de la puissan
et des richesses d'une Nation agricole » (p. 134). Il deman
seulement qu'on divise les opérations et qu'on ouvre «
mesure, et la balance à la main, des débouchés proportionn
à l'excédent de notre consommation. » Schmidt d'Avenstein
Goyon de la Plombanie [2], l'auteur du *Négociant Citoyen* [3], s'
lèvent également contre la réglementation actuelle. L'agronom
Duhamel du Monceau, qui jouissait alors d'une réelle autorit
dans des *Réflexions sur la police des grains* (S. l., 1764, in-1
15 pages), reprend le point de vue d'Herbert : considérant l
abondantes récoltes de 1763-1764, il montre que de cett
abondance même va résulter, si l'on maintient les prohib
tions, « la ruine d'une infinité de cultivateurs, et cette ruin
sera immédiatement suivie d'une diminution dans la somm
de grains récoltés et par conséquent d'une disette générale
lorsque les moissons seront médiocres » (p. 3). Comme Her
bert encore, il ne veut point de transition brusque : il estim
qu'avant de laisser sortir les grains, il faut, au lieu d'empê
cher qu'il se forme des magasins dans le Royaume, les y auto
riser et protéger ceux qui voudraient les établir (p. 9). Rete
nons aussi la constatation suivante qui prouve une fois d
plus tout l'arbitraire de la police des grains : « On se renferm

---

1. *Essais sur divers sujets intéressants, sur l'agriculture, sur le luxe et l*
commerce. S. l., 1760, Voir particulièrement pages 191-193.

2. *La France agricole et marchande*, 2 vol. in-8. Avignon (Paris), 1762. L
système de Goyon a été indiqué d'un mot. *Introduction* à Herbert, p. xlii.

3. *Le négociant citoyen ou Essai sur la Recherche des moyens d'augmente*
les lumières de la nation sur le commerce et l'agriculture, par M. C. C. A
Amsterdam et Paris, 1764, in-8.

à dire qu'on ne fait point exécuter les Règlements à la rigueur, *lorsque les récoltes sont abondantes* : si cela est, c'est probablement parce qu'on ne les croit pas avantageux ; et par cette raison, il est nécessaire de les anéantir, non seulement parce qu'un bon citoyen est toujours porté à respecter les lois établies mais encore parce que, et j'en pourrais citer des exemples, il se trouve dés officiers subalternes qui en font des applications inconsidérées, sans qu'on puisse les en blâmer, leur conduite, quelque contraire au bien public qu'elle soit, se trouvant autorisée par la Loi » (p. 12-13). Et enfin cette vue charitable, qui autorise quelques restrictions à la liberté : « on ne doit jamais perdre de vue le pauvre et l'artisan. »

Signalons enfin le *Mémoire sur la liberté de l'Exportation et de l'Importation des grains* (40 p. in-12, 1764), de Le Moyne de Belle-Isle, secrétaire des commandements du Duc d'Orléans, mémoire honnête et sans grande originalité, qui combine certains principes économistes avec des vues mercantilistes [1]. Mais ici encore ce sont les conclusions qui importent : elles sont nettement libérales.

---

1. « Il résulte de tout le contenu de ce Mémoire : 1° que les Richesses les plus solides et les plus étendues de la France consistent dans les grains qu'elle tire de son crû ; 2° que l'interdiction du commerce des grains, soit à l'intérieur, soit à l'extérieur, lui a fait perdre un tiers au moins de cette richesse ; 3° que la liberté de l'exportation et de l'importation des grains lui restituera ce qu'elle a perdu et augmentera le trésor public sans de nouvelles charges, par la fécondité que l'aisance nationale donnera aux droits établis sur la consommation ; 4° que l'augmentation de cette richesse présentant une assiette plus étendue pour les impôts dont le Peuple est accablé, lui procure un très grand soulagement et peut être regardée dans un État comme une vraie libération. 5° que le monopole sur les grains, intérieur et étranger, est impossible lorsque la liberté sera entière ; 6° que les craintes que l'on pourrait avoir que l'augmentation du prix du bled, procurée par la liberté de ce commerce, ne réduise les artisans et les manouvriers à l'indigence ne sont pas mieux fondées ; 7° que les droits que l'on voudrait exiger des commerçants agricoles, soit à l'exportation, soit à l'importation des grains, seraient destructeurs de ce nouvel établissement et qu'il suffit de prendre quelques précautions pour le temps des deux premières récoltes qui le suivront et pour acquérir la connaissance du montant du grain importé et exporté ; 8° que l'on doit tirer parti de cette nouvelle branche de commerce, de manière qu'elle devienne la plus avan-

*
* *

Cette unanimité doctrinale n'eût point suffi sans doute quelque profonde que l'on suppose l'influence exercée par [premiers écrits des Physiocrates et de leurs amis sur l'opini publique et l'autorité centrale, — à provoquer les édits lil raux. Les réformateurs devaient trouver leurs meilleurs all dans les circonstances : ce furent les faits qui achevèrent convertir à la liberté l'opinion et le gouvernement lui-même.

La part des circonstances se résume d'un mot : en 17(une série de récoltes exceptionnelles a converti tous [intérêts à la nécessité de l'exportation : nous avons Duhamel du Monceau et Le Moyne de Belle-Isle faire allusi à l'extraordinaire abondance des récoltes de 1763 et 1764. Po Du Pont, « l'année pleine, comme celle de 1763 a ren la subsistance de trois à quatre années : dans la plus gran partie du Royaume la récolte n'a pu être engrangée [1] ». [blé était tombé à 10 ou 12 francs le setier, mesure de Par « prix auquel le cultivateur ne retirait pas même ses frais ses dépenses [2] ». « Nous succombions, dira Le Trosne [3], so le poids de notre abondance, et nous commencions à épro ver toute la misère qu'elle produit faute d'être soutenue p la valeur et lorsque par le défaut de débouchés et de conso mation, les productions devenant d'un débit difficile, su chargent ceux qui les possèdent au lieu de les enrichir. [récolte de 1763 avait été immense, et était venue à la suite

---

tageuse qu'il sera possible à notre Marine et indirectement favorable à r soldats. Qu'enfin la récolte abondante que nous avons eue dans la derniè année nous présente le moment le plus favorable pour l'ouverture de ce co merce », pp. 39-40.

1. *Mémoire*, p. 149.

2. Rapport de L'Averdy, cité par Biollay, *Le pacte de famine*, p. 110.

3. Le Trosne, *La Liberté du Commerce des grains, toujours utile, jam nuisible*, 1765, p. 20-22.

plusieurs bonnes années. Les greniers du laboureur regorgeaient de grains et il se voyait à la veille de la ruine : les propriétaires avaient gardé leurs bleds, dans l'espérance d'une augmentation, ou forcés par l'impuissance de vendre : les Marchands avaient fait des magasins et ne pouvaient plus en faire. La consommation journalière était un débouché insuffisant pour une si énorme quantité de grains et n'était suppléée que par les insectes qui s'emparaient de nos greniers, et qui certes en quatre ans de garde, ont dévoré dix fois plus de blé qu'il n'en est passé à l'étranger depuis un an. Notre superflu accumulé depuis trois ou quatre ans paraissait suffisant pour nous nourrir plus de deux années entières sans récolte.... Tout le monde alors semblait se réunir pour solliciter l'exportation. Les citoyens instruits la demandaient indépendamment des circonstances, parce que la faculté d'exporter est toujours utile même lorsqu'il n'est pas possible d'en faire un usage actuel : ils présentaient au Gouvernement des moyens sans nombre, des démonstrations, des calculs inattaquables. Les autres la désiraient sans avoir aucun principe développé dans l'esprit, uniquement déterminés par la quantité actuelle du superflu et par la nécessité de trouver un débouché. »

Ainsi à cette date 1763-1764, la liberté entière « était devenue le vœu presque unanime de la nation [1] ». — « Les États et le Parlement de Bretagne, les États de Languedoc, le Parlement de Toulouse, les États d'Artois, les Parlemens de Normandie, de Provence et de Dauphiné, les Sociétés d'agriculture, les Chambres de Commerce, enfin les Compagnies les plus respectables que l'on consultait, la réclamaient par des lettres, des supplications et des avis raisonnés [2] ».

---

1. Du Pont, *Éphémérides* 1769; *Notice abrégée*, p. 43.
2. Roubaud, *Représentations aux Magistrats, contenant l'exposition raisonnée des faits relatifs à la liberté du Commerce des grains et les résultats respectifs des Réglements et de la liberté*, in-8, 1769, p. 36.

On pourra juger de l'ardeur — et des motifs — des Parlements à réclamer la liberté de l'exportation par ces extraits de la *Lettre des Gens tenant le Parlement de Grenoble* : « Nos terres étouffées par l'ivraie des prohibitions se sont endurcies du désespoir du cultivateur (p. 8). L'interdiction à la sortie est « un contre-sens dans l'œconomie politique » (p. 9), « un plan raisonné de destruction » (p. 15). Avec la liberté, « au contraire, Sire, il est simple de le concevoir, le nécessaire absolu qui, jour par jour, doit tomber en partage à l'homme, sera prélevé sans distraction sur des masses plus considérables : de vastes greniers seront ouverts, mais sans privilège : ils ne repomperont qu'au juste un superflu qui ne saurait avoir de valeur, ni pour le temps, ni dans le lieu : l'espérance et conséquemment l'activité resteront tout entières pour une récolte prochaine et le prix qui se balance entre les extrêmes de la recherche et de la remise n'essuyera plus aucune sensible révolution parce que la recherche ne sera plus affamée et que la remise ne sera plus qu'œconome. »

« Si l'on ne veut pas accabler et bientôt perdre le laboureur, il faut le relever de l'abjection dans laquelle il rampe et le placer au niveau des autres vendeurs, c'est-à-dire qu'il puisse vendre sa denrée avec la plus grande concurrence possible.... De ce qu'on a violé tant de fois la liberté de la chose propre, il est arrivé qu'on est parvenu à l'avilir et qu'obéré coup sur coup par la successive échute des non-valeurs et par la longue souffrance des premiers fonds, le laboureur est tombé dans une rigoureuse pénurie » (p. 17) Protestant contre les droits de halage, minage, etc..., qu'a maintenus la Déclaration de 1763, le Parlement ajoute : « A la vérité, ces détails ne sont qu'accessoires : ils demeurent subordonnés à l'intérêt principal de l'exportation libre.... Ne jetez, Sire, qu'un coup d'œil général sur votre Royaume. Vous y comptez jusqu'à quatorze millions de sujets qui consomment annuellement quarante-deux millions de septiers de bled. Depuis longtemps c'est à cette reproduction que la France est bornée dans le montant de ses récoltes. Mais avec la liberté du commerce extérieur de ses grains, commerce dont les succès sont incontestables, elle saura pousser plus loin cette reproduction : elle parviendra sans peine à tirer de la terre jusqu'à huit millions de septiers, lesquels vendus hors du Royaume et jusques dans les marchés d'Angleterre, sur le pied courant de quinze francs par mesure formeront annuellement un profit pour nous de cent vingt millions de livres. Une somme si considérable qui tournera tout entière au profit du cultivateur, en refluant dans les campagnes, y répandra, Sire, une aisance vraiment nationale » (p. 20-21) [1]. C'est la conclusion des Parlements de Bretagne, de Languedoc et de Normandie : c'est celle même de Quesnay et de Du Pont.

Quant aux Sociétés d'agriculture, « elles sont, peut-on dire, unanimes. Celle de Bretagne s'est prononcée pour la libre exportation dès la première heure de son existence. Dès 1762, celle d'Orléans adresse au Contrôleur général un Mémoire dont les conclusions sont identiques. En 1763, le Bureau du Mans assure que la liberté de sortie est indispensable pour ranimer l'agriculture dans le Royaume. La Société de Rouen qui avait déjà fait savoir qu'elle attendait cette liberté « avec impatience » appuie sans tarder ses observations. La Société de Lyon, le Bureau de Limoges, la Société d'Alençon se déclarent publiquement dans le même sens [2] ».

Les Députés du commerce consultés répondent le 31 décembre 1762 que « ardemment » désireux de voir « notre agriculture enfin affranchie du joug sous lequel un préjugé destruc-

---

1. *Extraits des Registres du Parlement de Dauphiné, concernant la liberté du Commerce des grains. Du 18 juillet 1763. A Lyon, chez les frères Périsse,* 1763, in-4, 23 p.

2. G. Weulersse, *Le mouvement physiocratique en France de 1756 à 1770.* Paris, 1910, I, p. 547.

teur la fait languir, [ils] voteront pour la liberté d'exportation
des farines, d'autant plus volontiers qu'elle peut insensiblement préparer les voies à la libre sortie des grains » [1]. —
« Dans leur deuxième Avis de 1764, les députés se prononcent
catégoriquement pour la liberté d'exportation et ne trouvent
rien de mieux, en manière de conclusion, que de rappeler à
l'Administration « ces vérités trouvées dans le *Dictionnaire
de l'Encyclopédie* : la *non-valeur avec l'abondance n'est point
richesse*, etc., c'est-à-dire quelques-unes des propositions fondamentales de Quesnay » [2].

Le gouvernement lui-même, enfin, est acquis aux idées nouvelles. On trouvera plus loin la dédicace que Du Pont de
Nemours adressait à la favorite en tête de son Mémoire et qu'il
conserva encore que Mme de Pompadour fut morte le 15 avril
précédent. « On prétend, écrivait Grimm, que le Dauphin a dit
qu'il était du parti de l'exportation avec 12 millions de Français et que le roi s'est rangé du côté des jeunes ». En 1759,
Bertin a été nommé contrôleur général des finances : c'est le
fait qui nous a fait choisir cette date comme point de départ
de la seconde période. Jusque là en effet « l'agriculture ne
figurait même pas dans la nomenclature administrative... elle
ne reçut le baptême officiel que dans la seconde moitié du
XVIIIe siècle et son parrain fut le contrôleur général Bertin [3]. »
Ami des Economistes, il est partisan convaincu de la liberté
du commerce des grains. Dès son entrée au contrôle général,
il s'efforce de provoquer un mouvement en faveur des réformes :
il encourage les intendants à favoriser la création des sociétés
d'agriculture : il consulte par une circulaire du 13 avril 1762
les sociétés, les intendants, les parlements sur un projet de
déclaration (première rédaction de la Déclaration du 25 mai

<hr>

1. Afanassiev, *op. cit.*, p. 212.
2. Weulersse, *op. cit.*, p. 115.
3. Pigeonneau et de Foville, *L'administration de l'agriculture au contrôle
général des Finances*. Paris, 1882, p. II.

1763) : il interroge les députés du commerce : un arrêt du conseil du 27 mars 1763 autorise la sortie des farines de minot ; puis vient la Déclaration du 25 mai 1763 qui assurait la libre circulation à l'intérieur du Royaume : enfin l'arrêt du 21 novembre 1763 accorde la libre exportation de toutes sortes de farines : cette liberté, Bertin l'étendit successivement à la sortie des grains, le froment et le méteil excepté [1]. Il préparait l'édit sur la liberté de l'exportation quand il dut céder la place à L'Averdy. Trudaine de Montigny, autre ami des Economistes, fut d'ailleurs plus que L'Averdy le véritable auteur de l'Edit de juillet 1764. « Chargé officiellement de le libeller, il appela à son aide Turgot et Du Pont : la rédaction de celui-ci prévalut presque entièrement [2]. »

Il s'en faut de beaucoup sans doute que la liberté, intérieure ou extérieure, accordée par ces édits dont on trouvera ailleurs l'étude détaillée [3], soit la liberté entière et illimitée réclamée par Du Pont ou Abeille. La Déclaration de 1763 laisse subsister les règlements de Paris et les droits de marché : elle est muette sur les règlements locaux. Quant à l'Edit de 1764, il donne une liste limitative des ports par lesquels l'exportation est permise : l'exclusion des vaisseaux étrangers sacrifie, — diront les Economistes, — la culture à la marine marchande : surtout l'édit fixe un maximum (trente liv. le septier) passé lequel la libre sortie des grains cessera d'être permise.

Mais l'innovation principale de la Déclaration résidait surtout, comme le remarque Afanassiev, dans l'article I, ainsi conçu : « Permettons à tous nos sujets de quelque qualité et condition qu'ils soient, même les nobles et les privilégiés, de faire ainsi que bon leur semblera, dans l'intérieur du Royaume,

---

1. Afanassiev, *op. cit.*, pp. 209-218.
2. Schelle, *Du Pont de Nemours*, p. 24.
3. V. Afanassiev, pp. 149-158 et 219 et suiv.

le commerce des grains, d'en vendre et d'en acheter, même
d'en faire des magasins, sans que, pour raison de ce commerce,
ils puissent être inquiétés ni astreints à aucunes formalités. »
Son effet principal fut surtout d'ordre *moral* : elle intéressa
l'opinion au commerce des grains dont elle préparait l'affran-
chissement réel [1].

Quant à l'Edit de 1764, « il marque un progrès immense
sur le précédent état de choses [2] ». Il nous suffira d'en reproduire ici le préambule : les motifs qui décidèrent la réforme et
les raisons qui dictent les restrictions y sont à la fois exposés :
« L'attention que nous devons à tout ce qui peut contribuer
au bien de nos sujets, nous a porté à écouter favorablement
les vœux qui nous ont été adressés de toutes parts pour établir la plus grande liberté dans le commerce des grains. Après
avoir pris les avis des personnes les plus éclairées en ce genre,
nous avons cru devoir déférer aux instances qui nous ont été
faites pour la libre exportation et importation des grains et
farines, comme propre à animer et à étendre la culture des
terres, dont le produit est la source la plus réelle et la plus
sûre des richesses d'un Etat, à entretenir l'abondance par les
magasins et l'entrée des blés étrangers, à empêcher que les
grains ne soient à un prix qui décourage le cultivateur, à écarter le monopole par l'exclusion sans retour de toutes permissions particulières, et par la libre et entière concurrence dans
ce commerce ; à entretenir enfin entre les différentes nations
cette communication d'échanges du superflu avec le nécessaire, si conforme à l'ordre établi par la Divine Providence et
aux vues d'humanité qui doivent animer tous les souverains.

« Nous avons même cru devoir mettre, par une loi solennelle
et perpétuelle, les marchands et négociants à l'abri de tout
retour aux lois prohibitives... Mais pour ne laisser aucune

1. Afanassiev, *op. cit.*, p. 158.
2. *Id.*, p. 221.

inquiétude à ceux qui ne sentiraient pas encore assez les avantages que doit procurer la liberté d'un tel commerce, il nous a paru nécessaire de fixer un prix au grain, au delà duquel toute exportation hors du royaume en serait interdite, dès que le blé serait monté à ce prix. »

L'Edit de 1764 fut accueilli avec joie, « aux applaudissements, dira Galiani, de tous les corps respectables de l'Etat, sans compter les deux mille brochures qui nous ont assommé de son apologie [1] ». Le Trosne parle d'une lettre de félicitations adressée au Roi par le Parlement de Toulouse « au sujet de l'exportation [2] ». Le Parlement de Normandie « cria victoire et, l'édit enregistré, écrivit au Roi pour lui rendre de très humbles actions de grâces [3] ». « Le zèle des auteurs français qui ont travaillé sur les matières d'administration, constate Messance, a changé l'esprit de la Nation, de tous temps effrayée du commerce des grains avec l'étranger. Les Parlements eux-mêmes, dont la jurisprudence avait été jusqu'à présent prohibitive de ce commerce, ont demandé eux-mêmes une loi qui mit le bled recueilli en France en concurrence avec celui des Nations voisines et ont enregistré *avec reconnaissance* l'Edit du mois de juillet 1764, qui permet la libre exportation des grains [4] ». Non point cependant que, comme le dit Afanassiev, les défauts de l'édit fussent inaperçus : « Tout à la joie de l'autorisation accordée, on ne s'inquiéta point des conditions qui y étaient mises [5]. » Les Parlements de Languedoc, de Dauphiné, de Provence et de Bourgogne protestent au contraire contre la fixation du prix maximum. Mêmes protestations contre les restrictions de l'Edit, de la part du Parlement de Bretagne où

---

1. *Op. cit.*, p. 92.
2. *La liberté du commerce des grains*, p. 10.
3. Biollay, *op. cit.*, p. 112.
4. Messance, *Recherches sur la population*, etc..., 1766, in-4, p. 280.
5. *Op. cit.*, p. 227.

La Chalotais, procureur général, prononce un remarquable réquisitoire qui fut ensuite répandu sous forme de brochure [1]. « Grâce à Sa Majesté le système des prohibitions paraît abandonné sans retour... Est-il besoin de longs raisonnements pour prouver que défendre la vente des bleds, c'est en défendre la culture ; que cette prohibition a fait de la profession du laboureur, quoique la plus nécessaire, la plus malheureuse des professions de l'état, que la liberté du commerce des grains au dedans et au dehors du Royaume est le seul et unique moyen de mettre le laboureur et le propriétaire en état de subvenir aux charges publiques et particulières ? Ne craignons point d'entrer dans les détails : l'expérience est la base de tout ce qui est physique : le calcul en est la mesure (p. 4-5) » et La Chalotais reproduit ici les purs arguments physiocratiques.

« Nous eussions souhaité, ajoute-t il, que la liberté fût entière et indéfinie dans tous les ports, qu'il n'y eût aucune limitation qui restreignît cette liberté, que l'exportation fût exempte de tous droits, parce que la liberté seule peut étendre et soutenir le cours des denrées, et favoriser la consommation, parce que la moindre gêne en arrête le cours, parce que les plus petits droits sur les ventes ou sur les achats (cela est égal) est un impôt qui en fait tarir la source ; parce qu'enfin l'augmentation des frais de transport fait perdre à la nation des revenus considérables et détruit nécessairement sa concurrence avec les autres nations » (p. 15-16).

Ainsi, au lendemain de l'Edit de juillet 1764, les seules réclamations qui s'élèvent encore sont pour demander seulement une liberté plus complète. Les Economistes se flattaient

---

1. *Discours de M. de La Chalotais, procureur général du Parlement de Bretagne... concernant la liberté de la sortie et de l'entrée des grains dans le Royaume*, 1764. Rennes, in-12, 23 pages.

d'ailleurs de la pouvoir obtenir entière et illimitée : les faits eux-mêmes n'allaient-ils point obliger à se rendre à *l'évidence des bienfaits de la liberté ?*

C'était trop compter sur la sagesse populaire et trop peu avec les circonstances. Celles-ci devaient bientôt changer. Un premier événement eut dû cependant avertir les Economistes et leur inspirer une sage défiance : avant même que l'édit fût promulgué, une cherté excessive s'était produite en Guyenne et déjà l'on accusait la liberté d'exportation — accordée à cette province — de provoquer la disette. Du Pont montra dans sa *Lettre sur la cherté du blé en Guyenne* (mai 1764) que la liberté avait au contraire assuré les approvisionnements compromis par une mauvaise récolte. L'Edit fut promulgué : mais l'*Anti-Restricteur* que Du Pont préparait ne fut pas achevé : de 1766 à 1774, les Economistes vont être contraints de passer de l'offensive à la défensive ; ils ne pourront même point sauver ce qu'en 1764 ils ont conquis de liberté.

E. D.

DE L'EXPORTATION

ET DE

L'INPORTATION

DES GRAINS.

MÉMOIRE lû à la Société Royale d'Agriculture de Soissons, par M. DU PONT, l'un des Associés.

. . . fluunt Imbres, nafcitur Aurum. *F. Q.*

A SOISSONS,

Et fe trouve

A PARIS,

Chez P. G. SIMON, Imprimeur du Parlement, rue de la Harpe, à l'Hercule.

M. DCC. LXIV.

AVEC APPROBATION ET PRIVILEGE DU ROI

LE TITRE QUI PRÉCÈDE
EST LE FACSIMILÉ DE CELUI
DE L'ÉDITION ORIGINALE

Les chiffres qui se trouvent entre [ ] dans le corps du présent volume indiquent la pagination de l'édition originale.

AVERTISSEMENT

On croit que l'événement funeste arrivé depuis l'impréssion de cet Écrit, ne doit point faire supprimer un hommage que dicta la vérité.

Malheur à l'homme, qui craindrait de jetter quelques fleurs sur la Tombe de ceux auxquels il offrit son encens !

A MADAME

LA MARQUISE DE POMPADOUR

MADAME,

J'AI entrepris de traiter une matiere si intéressante pour la Nation, et si conforme à vos vues pour [iv] le bien public, que j'ai cru pouvoir aspirer à l'honneur de vous présenter mon travail. La protection décidée que vous accordez à ceux qui s'appliquent à l'étude de la Science œconomique, lui assurait en quelque façon le droit de paraître sous vos auspices ; et vous avez daigné en recevoir l'hommage.

Vous avez vu naître, MADAME, cette Science importante et sublime avec laquelle on pése le destin des Empires, dont la félicité sera toujours plus ou moins grande, en raison de ce qu'on s'y attachera plus ou moins à l'observation de l'ordre invariable que la nature a mis dans la dépense et dans la réproduction [v] des richesses : la justesse de votre esprit vous en a fait sentir les principes, la bonté de votre cœur vous les a fait aimer, et c'est à vous que le Public en doit la premiere connaissance, par l'*Impréssion que vous avez fait faire, chez vous et sous vos yeux, du* Tableau œconomique *et de son* explication.

Cette précieuse anecdote vous a acquis des droits sacrés sur la bénédiction des Peuples ; quelles marques plus touchantes de leur reconnaissance que les inquiétudes et les allarmes qui se sont répandues sur tous les ordres des Citoyens pendant la maladie cruelle qui a paru menacer vos jours. Voilà, MADAME, [vj] *l'encens véritablement flatteur pour une ame élevée, il était digne de vous.*

Je suis avec respect,

MADAME,

Votre très-humble et très-obéissant serviteur Du Pont, de la Société Royale d'Agriculture de Soissons.

PRÉFACE [vij]

Il s'agit de prouver les avantages immenses que la Nation trouverait dans la liberté générale, entiere, absolue et irrévocable du Commerce extérieur des Grains.

Comme la vérité éxiste par elle-même, et qu'elle est dans la nature, *démontrer* ne signifie que *faire voir* ; et l'art de juger n'est autre chose que le talent d'ouvrir les yeux.

Voyons donc ; que les faits, que l'expérience précédent toujours nos raisonnemens ; rassemblons les piéces du procès, et mettons le Lecteur dans le cas de [viij] décider sans nous, malgré nous, malgré lui.

C'est à quoi nous destinons ce très-petit Ouvrage.

Que les grands Maîtres qui nous ont instruit et devancé, pardonnent si nous revenons ici sur des vérités claires, palpables, triviales peut-être pour eux. C'est pour tout le monde que nous écrivons.

DE L'EXPORTATION ET DE L'INPORTATION

DES GRAINS

CHAPITRE PREMIER.
OU PRÉLIMINAIRE.

DÉPENSES de la Culture, et Reprises du Laboureur.

[1]

Puisque nous devons parler de l'utilité, de la nécéssité et de la facilité d'avoir une grande abondance de Bled, et une très-grande abondance d'argent par le moyen de ce Bled ; il est convenable de jetter préliminairement un coup d'œil sur la maniere [2] dont il nous vient, et sur les conditions nécéssaires pour le faire croître et multiplier.

Des Personnes très-versées dans les détails de l'économie rurale, ont observé, que dans l'établissement d'une ferme de 120 arpens [^1] cultivée par une charrue et quatre forts chevaux, il fallait, l'un portant l'autre, faire avant la premiere récolte une dépense de 10,000 liv. et ensuite recommencer annuellement une dépense d'environ 2,000 liv.

Dix mille livres de fonds qu'il faut d'abord employer sur la terre, deux mille livres que l'on en retire et que l'on y reverse tous les ans, voilà donc le détail des dépenses de la culture ; détail modéré, et qui ne craint pas la contradiction.

[3] Pour que cette culture continue, il faut que le Fermier ne

---

[^1]: 1. Nous comptons l'arpent de 100 perches quarrées, et la perche de 22 pieds. L'arpent de M. de Vauban se trouve d'environ un cinquième de moins ; et compensation faite de ces deux mesures, nos calculs de produits et ceux de cet Auteur reviennent à peu-près au même.

mange jamais le fonds de richesses qui en est le moteur ; c'est-à-
dire, il faut qu'il ait toujours ses *reprises* assurées sur la réprodu
tion.

Ce que nous appellons les *Reprises* du Laboureur est composé,
ses *avances annuelles*, indispensables pour préparer la récolte
l'année suivante ; et des intérêts de ses premiers fonds, indispe
sables encore pour lui faire une réserve qui puisse parer aux gran
accidens, aux grêles, aux inondations, aux gelées, à la nielle, et
sans le forcer de diminuer ses avances ; ce qui diminuerait la répro
duction, et d'accidens en accidens détruirait la culture, si les int
rêts ne faisaient pas face dans ces momens imprévus.

Ces intérêts si importans sont évalués à 10 pour 100 : et l'on
trouvera point que ce soit trop ; si l'on considere les événeme
terribles auxquels ils sont exposés, si l'on remarque qu'une gran
partie du [4] premier fonds de richesses d'exploitation est dépéri
sable, se gâte par le service, et demande à être renouvellé ; si l'o
pense que ces intérêts sont les conservateurs et la garantie d
Baux, et que c'est d'eux, en quelque façon, que dépend le salut d
la société ; si l'on observe d'ailleurs, que tout travail mérite récom
pense, et qu'il ne serait ni juste, ni sûr que celui qui est le pl
pénible, et de qui dépendent tous les autres, fût privé de la cho
qu'ils prétendent tous.

Dans une ferme telle que celle dont nous parlons, (et qui dit un
ferme en dit mille, parce que, quant à ce calcul, elles ne différer
que du plus au moins) les *reprises* du Laboureur seront donc con
posées

De ses avances annuelles,............................ 2,000
Des intérêts des dépenses qui ont précédé la premiere
récolte.. 1,000

TOTAL...................... 3,000

De quelque maniere que l'on s'arrange, quelle que soit la valeu
de la réproduction [5] totale, dès que l'on prétend à en avoir un
autre qui lui soit égale, il faut indispensablement que le Laboureu
commence par se nantir de ses reprises : cela ne souffre point d
démonstration ; tout le monde sçait qu'il n'y a pas d'effet san
cause, tout le monde sent qu'il ne peut y avoir de récolte sans cu
ture, et de culture sans les dépenses nécéssaires pour y subveni
Nous avons choisi notre éxemple dans le cas le plus avantageu

dans celui où les avances donnent proportionnellement les plus grands produits. C'est encore un fait sur lequel nous ne nous appésantirons point, parce qu'il a été prouvé dans mille endroits, et qu'il est de notoriété publique [1].

[6] Il s'agit à présent de sçavoir quels seront ces produits, et surtout quel sera le bénéfice net de ces produits? car voici la grande affaire.

Nous l'éxaminerons dans le Chapitre suivant.

---

1. La petite culture qui s'éxécute avec des bœufs, paraît éxiger de moindres avances; mais dans le fait elle en employe de bien plus considérables, parce qu'elle les prend sur la terre même, au détriment de la réproduction et surtout du *produit net*. C'est ce qui nous a engagé à bannir absolument de nos calculs cette espèce de culture; nous ne voulons qu'instruire les citoyens qui ne sont point accoutumés aux combinaisons rurales, et nous les aurions effrayés.

Quant aux totaux de dépenses ici cités, ils sont faits sur les rapports combinés de plusieurs Laboureurs habiles et intelligens; rien n'y est exagéré. On peut confronter ces calculs avec ceux qui se trouvent dans l'*Enciclopedie* au mot *Fermiers*, et au mot *Grains*, avec ceux de M. *Duhamel*, avec ceux de M. *Patullo*, et encore avec ceux de la *Philosophie rurale*, les plus étendus qui aient encore été faits sur les matieres *œconomiques*.

[7] # CHAPITRE II.

Du produit net de la Culture, et à quoi il tient.

Le *produit net*, disions-nous en finissant le Chapitre précédent, c'est la grande affaire. Ceci n'a pas encore besoin de preuve, il est clair que dans toute entreprise qui ne donnerait point de *produit net*, et qui ne rembourserait que les frais, personne ne vivrait sur le bénéfice.

Nous vivons cependant, nous autres *Citadins* qui ne contribuons point au travail de la culture, et qui ne sommes pas les gagistes du Laboureur : et même il est fort important que nous vivions. Il est encore fort important que l'Etat ait des défenseurs qui protégent la *propriété* générale, des Administrateurs et des Juges qui veillent à la conservation des *propriétés* particulieres, des Ecclésiastiques qui instruisent le peuple, et prêchent la religion et les mœurs.

[8] Or tous ces gens-là, et nous, ne pouvons vivre que sur les produits de la culture ; puisqu'il commence à être généralement reconnu, qu'il n'existe que cette source unique de biens renaissans [1]

---

1. Nous croyons inutile de répéter ici que *l'industrie ne fait que donner la forme aux productions de la terre, qu'elle ne crée rien, que son prix n'est qu'un remboursement de frais de subsistance ; que le commerce n'a aucun produit véritable, qu'il n'est qu'un échangeur, qu'il n'enfante aucun des biens qui prennent de lui la qualité de richesses, qu'il ne fait que les mettre à leur place, en fixer la valeur vénale, et en égaliser la distribution; que l'argent n'est qu'un signe représentatif, que l'on ne peut en avoir sans l'acheter avec des richesses réelles, que jamais on n'en manquera quand on aura des richesses pour le payer, que sa multiplication qui ne serait pas le fruit d'une augmentation de richesses, ne servirait à rien, qu'il n'est pas possible qu'il y en ait en circulation pour une somme plus grande que celle des richesses avec lesquelles on l'achete,* etc. etc. Ces vérités trop rebatues ne sont ignorées d'aucun Lecteur instruit, et les moins habiles comprendront aisément que les produits de la terre, étant les seules choses qui renaissent à de certains périodes, peuvent seuls fournir à des dépenses perpétuelles.

Quand nous disons que *le commerce n'est qu'un échangeur,* etc. il ne s'ensuit pas que nous veuillions l'avilir : bien au contraire. Le commerce, l'industrie, le pécule, sont certainement des choses très-essentielles au bien-être de la Société ; mais ces choses vont d'elles-mêmes à la suite de l'agriculture quand on ne leur barre pas le chemin. Les esprits faibles et bornés ont vû des opéra-

[9] Il nous est impossible, comme nous venons de le remarquer, de vivre sur les *reprises* du Laboureur, qui constituent ce que l'on appelle les frais ; il faut donc nécessairement qu'il y ait un *produit net*, une part dans la réproduction qui ne se doive à personne, et qui sera le patrimoine de la société [1].

---

tions brillantes et utiles, ils ont regardé le bras qui faisait ces opérations, et n'ont nullement pensé à la force qui le mouvait : telles ont été les erreurs dont la Nation commence à revenir, nous avons tous crié en chœur *commerce, industrie, argent* ; sans refléchir que dès que nous aurions des choses commerçables, le commerce viendrait les chercher à moins qu'on ne lui ferme la porte ; que si nous avions beaucoup de denrées à vendre, ceux qui en auraient besoin nous apporteraient beaucoup d'argent pour les acheter ; et que quand nous aurions beaucoup d'argent et beaucoup de richesses, ceux qui seraient bien partagés de l'un et de l'autre se feraient mille besoins de commodité, ce qui exciterait l'industrie, qui fuira toujours des lieux où il n'y aura pas de quoi payer son salaire.

1. Comme l'agriculture est le seul travail humain auquel le Ciel concoure sans cesse, et qui soit une création perpétuelle, tandis que le commerce et l'industrie ne sont qu'une manutention et un revirement de choses déja créées ; les produits de l'agriculture qui par le commerce acquierent une valeur vénale, sont les seuls qui donnent un bénéfice net et réel ; c'est-à-dire, qui puisse enrichir un homme sans en appauvrir un autre. Dès que la valeur de la récolte a remboursé les dépenses qui l'ont fait naître, et qui sont nécessaires pour la perpétuer, le reste est ce qui constitue le *produit net*, sur lequel seul on peut asseoir un *revenu*. Ce reste ne coûte rien à personne, puisque tous ceux qu'il a occupé sont payés ; on le doit absolument au terroir, à la Providence, à la bienfaisance du Créateur, à *sa pluie qu'il verse et qu'il change en or*. Ce reste, base de tous les revenus, est le grand lien, le *vinculum sacrum* de la Société ; le propriétaire qui en jouit, le partage entre l'Etat (et cette partie que l'on nomme Tribut, sert à la solde de tous ceux qui sont employés au service public) ; les Décimateurs, ce qui comprend tout l'Ordre Ecclésiastique ; et les Ouvriers qu'il occupe pour son service particulier. Chacun de ces gens-là, et le propriétaire lui-même ayant deux especes de besoins, l'un de subsistance alimentaire, l'autre de vêtemens, meubles, ustenciles, etc. partage ce qu'il touche du revenu entre ces deux sortes de dépenses ; l'une retourne directement à la terre par les denrées qu'elle paye au Cultivateur ; l'autre se verse sur les Ouvriers de tous états répandus dans la Société ; ces Ouvriers, qui tous ont faim, en renvoyent une partie sur la terre en achat d'alimens, et le Laboureur rend cette partie à la classe ouvriere en achat d'habillemens et d'outils. C'est par ces communications réciproques et continuelles, que chacun subsiste et fait ses affaires, que l'Etat se soutient, qu'il a des richesses et des hommes *disponibles* en raison de ses revenus, et qu'un petit nombre d'Agriculteurs peut nourrir une grande Nation. C'est ainsi que les revenus des particuliers sont le thermom tre de ceux du Public, qui ne peuvent qu'en être une part proportionnelle. C'est ainsi qu'ils donnent le jeu à toute la Société, qu'ils forment l'objet le plus intéressant pour les regards de l'administration, qu'ils lient ces deux choses à jamais inséparables, le bonheur des peuples et la puissance des Rois.

Voyez le *Tableau Œconomique*, et surtout la *Philosophie Rurale*.

[10] Plus cette part sera grande, et plus nous aurons nos ais
et plus nous pourrons satisfaire nos besoins réels et de fantaisie ;
plus nous entretiendrons d'Artistes, de Négocians, etc. gens
vivent [11] sur la dépense d'autrui ; et plus l'Etat, dont la riche
ne peut être fondée que sur la nôtre et proportionnellement à
nôtre, sera opulent, puissant, heureux.

Voilà bien des choses qui tiennent au *produit net*. Le *produit*
lui-même à quoi tient-il ? Il ne faut pas un long rai[12]sonnem
pour faire voir qu'il dépend de la valeur de la récolte.

La valeur de cette récolte, résulte de la quantité totale de la d
rée, et du prix de cette denrée.

La quantité de la denrée varie, il est vrai, tous les ans ; mais e
se réduit facilement à une année commune, parce que la nature
réguliere, même dans ses écarts.

Tout roule donc sur le prix de la denrée, et le prix commun
ce qui détermine le revenu ; c'est-à-dire, la portion de richesses
se partage entre l'Etat, les Décimateurs, et tous les autres Memb
de la Société qui ne sont point attachés à la glêbe.

On entrevoit déjà confusément que l'augmentation du prix d
bleds accroîtra tous les revenus. Mais comment et suivant que
loi cela se fera-t-il ? Voyons, c'est un des plus beaux spectacles q
l'on puisse mettre sous les yeux des Citoyens.

[13] Lorsque le septier de bled vaut prix commun 12 liv.
réproduction totale d'une charrue telle que celle que nous veno
de décrire, (et l'on se souviendra que cette charrue évaluée sur l
rapports combinés d'une grande quantité de Laboureurs intellige
et de différens lieux, représente ici la proportion de 500 mille cha
rues, ou de toute la culture en grains du Royaume) lorsque le se
tier de bled, dis-je, vaut 12 liv. la réproduction totale est
3,272 liv. Le Laboureur retire ses *reprises* de 3,000 liv. il res
272 livres pour le *revenu* à partager entre le Propriétaire, l'imp
et les Décimateurs.

A 13 liv. le septier de bled, la réproduction vaut 3,492 liv.
revenu ou *produit net* est 492 liv.

A 14 liv. le septier, la réproduction est 3,706 liv. le *reve*
706 liv.

A 15 liv. la réproduction est 3,913 liv. le *produit net* 913 liv.

A 16 liv. la réproduction se monte à 4,114 liv. et le *revenu*
1,114 liv.

[14] A 17 liv. la réproduction vaut 4,310 liv. le *produit net* est 1,310 liv.

A 18 liv. la réproduction devient 4,500 liv. le *revenu* monte à 1,500 liv.

A 19 liv. la réproduction vaut 4,685 liv. le *produit net* 1,685 liv.

A 20 liv. la réproduction est 4,865 liv. le *revenu* 1,865 liv.

A 21 liv. la réproduction valant 5,040 liv. le *produit net* vaut 2,040 liv.

Cette Table est l'expression d'un fait historique. Les faits ne se démontrent point, ils se montrent, et c'est une espéce de raisonnement très difficile à confondre.

Cette Table est ici fort importante ; qu'on la regarde ; et après y avoir fait attention, qu'on la regarde encore ; car pour ceux qui l'auront bien vue, tout est dit sur la liberté du Commerce des grains.

Cependant comme la vérité est bonne à répéter ; comme on ne sçaurait trop l'éclaircir et la présenter sous trop de faces ; comme la Nation n'est pas encore [15] entiérement revenue des préjugés qui l'ont offusquée depuis cent ans ; nous entrerons dans un plus grand détail. Mais avant de m'y livrer, on me permettra deux observations de conséquence [1].

---

1. Mes préliminaires paraissent longs peut-être, à ceux d'entre mes Lecteurs qui sont plus empressés de sçavoir ma conclusion que d'en faire une. J'en suis fâché, mais il m'importe d'être toujours entendu d'eux ; d'ailleurs ce petit ouvrage fait pour la vérité, doit être inébranlable comme elle, et je ne veux pas qu'il ressemble à une piramide renversée.

CHAPITRE III.

Observations sur la Table précédente.
Apperçu de l'état actuel de notre Culture.

Il est important de remarquer que la Table précédente n'a pas été construite sur le rapport naturel de la Culture. Si l'on n'avait suivi que ce rapport, la Table aurait présenté un résultat beaucoup plus satisfaisant ; à 15 liv. le septier de bled, le *produit net* eût été 1,200 liv. [**16** et **17**] et à 18 liv. notre charrue aurait donné un revenu de 2,000 liv, Mais...

. . . .

. . . .

1. Pour comprendre ceci, qui paraît abstrait, il faut se représenter qu'il n'y a que trois clâsses d'hommes dans la Société. La premiere est la *clâsse productive*, composée des Cultivateurs, et de leurs agens indispensables ; la seconde est la *clâsse des propriétaires* du revenu ou *produit net* de la culture, qui comprend les possesseurs des fonds de terre, l'Etat et les Décimateurs ; la troisiéme est la *clâsse* dépendante, industrieuse et *stérile*, qui renferme tous les gagistes de la Société, à quelque titre que ce soit. La premiere et la derniere de ces trois clâsses sont de droit et de fait, franches et immunes de toutes les dépenses qui ne servent pas directement à leur consommation et à leur travail, La derniere, parce qu'elle ne subsiste elle-même que sur la dépense des autres, et que donner et reprendre ne vaut. La premiere, parce qu'elle est la dépositaire des richesses d'exploitation, seule machine avec laquelle on fabrique les richesses ; que si l'on gênait la machine, on arrêterait l'effet ; et pour amasser du pécule qui fuit, on anéantirait des richesses qui ne reviennent plus . . . .
. . . .
.....Un boisseau de semence produit communément six boisseaux. Si un accident quelconque détruisait, gâtait ou enlevait ce boisseau de semence au Laboureur, il est clair que ce serait six boisseaux de perdus pour l'année suivante.

Pour faire tout sentir sur ces objets importans, il faudrait un volume, et je n'ai qu'une note. Ceux qui voudront en prendre une connaissance plus étendue, peuvent consulter le *Tableau Œconomique* imprimé à la fin de *l'Ami des hommes*, et plus encore la *Philosophie Rurale*, Livre très-nouveau, mais qui sera quelque jour gravé en lettres de lumiere dans le Cabinet de tous les Princes sages, et dans les Archives de l'humanité.

De quelque conséquence que fussent les morceaux qui remplissaient les lacunes que l'on voit ici dans le Texte et dans la Note, l'Auteur les a retranchés à l'Impression ; mais en les supprimant, il serait bien fâché de les désavouer : ces morceaux existent en entier dans les Mémoires non publics de la Société Royale d'Agriculture de Soissons.

[18 et 19] Une seconde observation, non-moins essentielle à faire, est que, quand nous parlons du bled à 15, à 18, à 21 liv. le septier, il ne s'agit pas d'un prix passager, ni même du prix commun du Marché ; mais du prix commun du Laboureur, de celui auquel le Vendeur de la premiere main débite ses grains.

Quand le Commerce est libre, ce prix differe très-peu de celui du Marché, parce que la concurrence des *Blâtiers* [20] acheteurs, assurés du débit, sur-tout lorsqu'ils se dépêchent, (vû que la récolte manque toujours quelque part) les engage à enchérir l'un sur l'autre, et à se borner au plus petit bénéfice possible ; et encore parce que les pays qui regorgent, versant tout leur superflu sur les cantons indigens, entretiennent par-là une uniformité de prix qui empêche la denrée de s'avilir nulle part, et de monter à une cherté excéssive en aucun lieu.

Mais quand une Nation s'isole et ne veut commercer qu'avec elle-même, elle se condamne alors à subir toutes les inégalités de ses récoltes, et même à les outrer dans le prix de ses grains. Lorsque l'année est abondante et que la récolte surpasse de beaucoup la consommation habituelle, un petit nombre de Marchands régnicoles craint de se charger de magasins qui peuvent être d'un long débit, et sont à coup sûr d'un dispendieux entretien : le Laboureur, plus pressé de vendre qu'ils ne le sont d'acheter, baisse le prix [21] de sa denrée au-dessous de toute proportion et jusqu'à ce qu'il ait trouvé des Acquéreurs. Si au contraire la récolte n'est pas suffisante pour la consommation de l'année, la terreur se répand dans tous les esprits, ceux qui se trouvent un peu d'argent se hâtent à la fois de faire leur provision ; les Vendeurs de grain, moins pressés alors que les Acheteurs, profitent de la circonstance et se tiennent haut ; quelques-uns même, (à ce qu'on dit, car le fait est douteux) ferment leurs greniers pour augmenter la cherté ; le bas peuple crie, souffre, pille, et le bled devient à un prix exhorbitant.

Il résulte de-là, que le Laboureur ayant dans ces momens de folie vendu un petit nombre de septiers fort cher et dans les années d'abondance et de *stagnation* un grand nombre à très-bon marché, a débité le total de ses grains à un prix commun, beaucoup plus bas que celui de l'Acheteur consommateur, qui a mangé tous les ans un nombre égal de septiers, [22] tantôt chers et tantôt à bon marché.

Un coup d'œil sur un calcul déja connu fera sentir la chose mieux qu'un long raisonnement [1].

État des prix du Bled en France, l'exportation étant défendue.

ANNÉES	SEPTIERS par Arpent.	PRIX du Septier.	TOTAL par Arpent.	FRAIS, Tailles et Fermages par arpent chaque année.
Abondantes.........	7 sept.	9 l. s.	63 l. s.	66 liv.
Bonnes............	6	10 15	64 10	66
Médiocres.........	5	13 5	66 5	66
Faibles...........	4	17	68	66
Mauvaises........	3	25	75	66
TOTAL............	25 sept.	75 liv.	336 l. 15 s.	330 liv.

Prix commun fondamental.

330 liv. de dépenses divisées à 25 sep[23]tiers, donnent 13 liv. 4 s. qui est le prix commun que chaque septier coûte au Laboureur.

Prix commun de l'Acheteur.

Un homme consomme trois septiers de bled par an, c'est 15 septiers en cinq ans, qui lui coûtent 225 liv. en trois fois 75 comme ci-dessus total de cinq septiers.

---

1. Ce calcul est tiré originairement de l'*Enciclopedie* au mot *Grains*; on le trouve encore dans l'*Essai sur l'amélioration des terres, de M. Patullo*, et dans *les Observations sur la liberté du commerce des Grains*. Nous avons été forcés de diminuer les données dont se sont servis ces Auteurs ; ces données vraisemblablement étaient autrefois exactes, et d'après le fait; mais il est certain qu'aujourd'hui elles seraient extrêmement éxagérées. Tout le monde sçait combien il s'en faut que le prix commun des marchés de la Nation soit depuis long-tems dix-sept livres huit sols, pour le septier de Bled.

Quoique nous soyons dans nos données beaucoup plus près de la vérité, nous sçavons bien que les Juges séveres peuvent encore nous accuser d'avoir tablé fort au-dessus du fait actuel. Mais nous espérons quelque chose des effets de la liberté intérieure que l'humanité du Roi vient d'accorder aux besoins de ses Sujets.

[24] 225 liv. divisées à 15 septiers donnent 15 liv. pour le *prix commun de l'Acheteur.*

Prix commun du Vendeur.

336 liv. 15 s. produit total de cinq années, divisées par 25 septiers, donnent 13 liv. 9 s. 4 den. pour le *prix commun du Vendeur*, qui ne passe que de cinq sols quatre deniers le *prix fondamental* [1], et est d'une livre dix sols huit deniers moindre que celui de l'Acheteur.

Si l'on réduisait toujours les disputes en faits, et les faits en tableaux, on [25] abrégerait beaucoup de contestations.

Il est, par exemple, une vérité, vérité triste, qui devient sensible à la seule inspection de celui-ci ; c'est que par le défaut de liberté extérieure et générale du débit de ses denrées, le Laboureur est absolument en perte dans les années abondantes, et qu'une récolte considérable qui paroît à la raison, au bon sens, à l'humanité, à la Religion, devoir être regardée comme un bienfait du Ciel, est un fléau terrible pour l'Agriculteur qui l'a fait naître [2] ; et que si l'on était souvent sujet à ce fléau singulier, il faudrait indispensablement baisser le prix des [26] baux, et par conséquent diminuer les impositions, etc. etc. etc.

Il est clair encore par ce même Etat, que (quand l'exportation et l'inportation des grains ne sont pas libres) si le bled vaut communément 15 l. pour les Consommateurs, il n'est vendu qu'environ 13 l. 10 s. par les Laboureurs ; c'est-à-dire, qu'il ne doit entrer

---

1. *Le prix commun du vendeur* doit nécessairement être plus haut de quelque chose que le *prix commun fondamental*, parce que c'est le Laboureur qui en passant son bail statue le *prix fondamental* : il le statue d'après le calcul qu'il a fait de ses dépenses ; et comme il est juge souverain en cette partie, et qu'il ne veut pas se trouver à court ; il doit naturellement se laisser un peu de marge. Cette marge qui fait l'aisance de la culture, et la subsistance du pauvre Paysan qui vit autour des grandes fermes, constitue la différence qui se trouve entre ces deux prix ; différence cependant qui ne peut être considérable, parce que la concurrence des Fermiers y mettrait bon ordre.

2. M. Dupin rapporte dans un Mémoire sur la liberté du commerce des Bleds, qu'il s'est trouvé chez un grand Seigneur dans le moment où celui-ci recevait d'un de ses hommes d'affaires en Province, une Lettre conçue en ces termes : *De mémoire d'homme il n'y a eu une année aussi abondante dans ce pays-ci, les granges ne sont pas assez grandes, et le Paysan ne sçait où mettre sa récolte. Ainsi les affaires de vos Fermiers seront très-mauvaises, et il ne faut pas vous attendre à toucher un sol d'eux cette année.*

que pour la valeur de 13 liv. 10 s. dans la Table du Chapitre précédent, car ce sont les Laboureurs qui payent les revenus, et qui en déterminent la somme ; jamais on ne leur fera passer bail que de leur consentement, et ils ne consentiraient point à leur perte ; comme nous l'avons déja dit, ils sont maîtres et législateurs en matiere de calculs ruraux.

Or, selon les régles de la Table du Chapitre précédent, lorsque le prix commun du bled est à 13 liv. 10 s. le septier de Paris pesant 240 l. la *réproduction totale* de notre charrue vaut 3,600 liv. et le *produit net* est 600 l. La dime qui prend ordinairement le douzieme du produit total, [27] enleve 300 liv. il reste pour le Propriétaire et l'impôt 300 livres.

Maintenant que voici notre situation présente statuée, (et les connaisseurs ne m'accuseront pas de l'avoir statuée en laid) voyons quel changement y apporterait la liberté générale, absolue et irrévocable du commerce extérieur des grains.

[28]   # CHAPITRE IV.

EFFET du commerce ; quel sera le prix que la liberté absolue donnera en France au septier de bled.

LE Commerce est l'art de se procurer son nécessaire par le moyen de son superflu [1] ; c'est une convention fra[29]ternelle à l'avantage de tous les Contractans [2], moyennant laquelle ils s'en[30]gagent à

---

1. L'Etre éternel qui voulait que les hommes de tous les pays se regardassent en freres, s'est plû à les unir par la chaîne impérieuse des besoins ; il a disposé notre demeure de maniere que les liens d'une dépendance mutuelle nous forcent à respecter et à chérir nos semblables, et nous apprennent que nous ne pouvons nuire à personne qu'à notre propre détriment.

Les biens *usuels* répandus inégalement et en quelque façon *par classes* sur la surface de la terre, donnent partout du superflu, et ne complettent le nécessaire nulle part. De-là est né le Commerce aussi ancien que la Société, et qui seul a pu l'agrandir : le Commerce qui rendant le superflu *disponible*, a donné l'être à la richesse, mere de la population.

Le possesseur des grains a senti que du surabondant de sa récolte, il pouvoit faire part à son voisin Vigneron, lequel en revanche lui feroit aussi part de son vin. Dès ce moment, à proprement parler, il n'a plus existé de superflu, car le Cultivateur, de quelque genre que ce soit, s'est aperçu dès lors que le superflu de son espece de culture, n'étoit autre chose que la faculté de se procurer son nécéssaire sur les produits des autres cultures auxquelles il ne s'étoit point adonné : le Laboureur a vû que tous les grains qu'il ne pouvait consommer, étoient en effet du vin, des habits et de l'argent.

Mais sans les échanges et le commerce, toutes les choses qui y sont sujettes auraient été superflues, ou plutôt n'auraient pas existé, ce qui eût produit la misere universelle, et eût suffi pour empêcher la formation de la Société.

2. Rien de plus frivole que les spéculations de quelques Sçavans, et d'un beaucoup plus grand nombre de Politiques sur le Commerce : que ces questions tant rebattues, souvent par de trop grands hommes. *La balance de ce Commerce est-elle ou non à notre avantage? Ce Commerce nous enchaîne-t-il nos voisins, ou nous soumet-il à eux? Payons-nous un tribut aux autres peuples, ou recevons-nous le leur?* Le Commerce n'enchaîne personne exclusivement, les deux parties sont liées l'une à l'autre par le besoin réciproque et de vendre et d'acheter ; il ne sçauroit être un tribut, parce que la quotité de l'échange se fixe toujours sur la masse du superflu de la Nation qui en a le moins ; il ne faut pas craindre qu'elle mette jamais son nécéssaire en jeu ; le nécéssaire est une chose sacrée que les hommes ne s'arrachent point à eux-mêmes ; le commerce ne peut être au désavantage de qui que ce soit ; comme il n'a de pouvoir que sur le superflu, sa vertu principale est de donner de la valeur aux choses qui n'en ont point : tous les peuples achétent ce qui leur convient, et payent avec ce dont ils n'ont que faire ; la balance est donc avantageuse pour tout le monde.

compenser mutuellement la différence de leurs nécéssités par celle de leurs richesses. Il établit une sorte de communauté de biens entre les Nations qui le permettent et le favorisent, (c'est-à-dire, qui le laissent libre) communauté dont l'indispensable éffet est de porter les marchandises dans tous les lieux où se trouve le besoin qui en assure le débit.

De cette Communauté il résulte un *prix commun* à tous les peuples qui en jouissent ; c'est-à-dire, que chaque peuple est obligé de vendre au même prix que les autres, ou de se passer d'Acheteurs, et d'acheter aussi au même prix que les autres, sous peine de ne trouver personne qui lui vende. Principalement lorsqu'il s'agit d'une denrée, comme le grain [31] qui croît et est cultivé dans tous les pays ; ce *prix commun* entre les peuples est un prix uniforme, (c'est-à-dire sujet à peu de variations, aux plus petites variations possibles), parce que l'abondance se promenant tantôt dans un lieu, et tantôt dans un autre, pour une région aussi étendue que l'Europe, la masse totale des grains est toujours à-peu-près la même ; et toute la différence consiste en ce que celui qui vend aujourd'hui, achetera demain ; uniforme encore, parce qu'une liberté irrévocable, enhardissant tout le monde à faire des magasins, prépare partout de copieuses ressources pour les années de disette ; de sorte que le *prix commun du marché général* égalise non-seulement le sort des pays plus ou moins favorisés de la Nature dans la même année, mais aussi celui des bonnes et des mauvaises récoltes dans des années differentes.

En voici assez pour faire sentir qu'un peuple, que quelque peuple que ce soit, [32] trouvera toujours beaucoup de bénéfice à entrer dans la *confédération négociante*, et à accéder au *prix commun du marché général*; plutôt que de vouloir faire *corps à part*, avoir ses denrées à un prix à lui particulier, et s'obstiner à ne laisser à personne la jouissance, en commun et pour son argent, des avantages qu'il croit tenir de la Nature : avantages qui cessent d'en être dès que l'on prétend empêcher les autres d'en profiter [1]. Mais ceci [33] ne parle qu'au raisonnement et à la réfléxion ; parlons aux yeux.

---

1. La grande et grossiere erreur de la politique humaine, tant de celle des Etats que de celle des particuliers, a été la manie de se cantonner, de ne voir que soi, de prétendre subsister exclusivement et aux dépens des autres ; mais par une juste punition du Ciel, chacun s'est enlacé dans le nœud qu'il préparait à son voisin.

Dans l'intérieur de la Société, le Manufacturier et le Rentier ont désiré que

Quel sera ce *prix commun du marché général*, qui doit servir de bâse à nos calculs ?

[34] L'expérience a fait voir qu'avant l'invention du systême prohibitif, le septier de bled se donnait communément pour le tiers du marc d'argent, ou environ dix-huit livres de notre monnoye actuelle [1]. [35] Les Anglais vendent présentement le leur à-peu-

le pain soit à bas prix, l'un pour faire de plus gros gains, l'autre pour vivre avec plus d'aisance ; ils ne se sont nullement embarrassés de l'état du Laboureur et de celui des revenus publics ; mais ils n'ont pas pris garde que la conséquence de leurs judicieuses combinaisons empêcherait l'argent d'arriver jusqu'à la poche de celui qui doit acheter la marchandise, et détruirait le fonds sur lequel est hypotéquée la créance.

A l'extérieur, les Nations ont voulu faire un Commerce exclusif, vendre de tout et n'acheter de rien, sans s'inquieter si cela était possible ; faire tout croître, tout manufacturer chez elles, sans songer que *non omnis fert omnia tellus*, que si la Providence avait destiné tous les pays au même rapport, elle leur aurait donné le même climat et les mêmes positions ; sans éxaminer s'il n'y aurait pas plus d'avantage à acheter à l'étranger de certaines choses, et à lui fournir par-là les moyens de faire emplette des denrées sur lesquelles on peut avoir le plus grand *produit net*, et que la nature a destiné au *peuple vendeur*, par le soin qu'elle prend de contribuer chez lui à la *réproduction* : les mêmes peuples ont voulu être à la fois les fournisseurs et les commissionnaires universels, sans réfléchir que ces deux emplois étaient incompatibles, vû que les *peuples fournisseurs* ou *vendeurs* de la premiere main, doivent faire une forte consommation, qui entretienne chez eux la valeur vénale de la denrée ; tandis que les Nations commissionnaires ou revendeuses sont obligées, dans la crainte de renchérir la marchandise, de resserrer leurs dépenses, qui chez elles sont totalement en frais, au lieu que chez les autres elles sont toutes en richesses, filles et meres des revenus. Chaque Corps politique s'est revêtu d'une triple cuirasse ; ils ont bien fait pis, les Peuples les plus sages se sont fait des guerres sanglantes pour des prétentions insensées et ruineuses ; aucun n'a voulu voir qu'une guerre de commerce n'était jamais qu'une barbare extravagance qui va directement contre son objet ; que l'on ne pouvait attaquer le commerce de ses voisins, sans diminuer le sien propre ; et que s'opposer aux ventes de son ennemi, c'était borner ses achats, c'était lui enlever le moyen de payer les choses que l'on serait bien-aise de lui vendre, que l'on a un besoin indispensable de lui vendre.

Chacun connaît la fâble des *Membres* et de *l'Estomac* ; cette belle fâble prise dans toute l'étendue. et je dirais volontiers dans toute la majesté de son sens, cette belle fâble est l'histoire universelle. Tous les Peuples sont les membres d'un corps immense qu'on appelle le genre humain ; et malheur à celui qui jaloux de l'embonpoint de son camarade, osera, je ne dis pas le frapper, (ce serait un crime horrible et contre nature) mais lui refuser le secours de ses services, car il en pâtira le premier.

1. En toute matiere de prix il faut partir d'un principe clair et sensible. c'est que l'argent monnoyé n'étant point richesse, mais le *signe représentatif commun* de tout ce qui est richesse, la masse totale de la monnoie représente toujours la masse totale des richesses qui sont en circulation. De telle sorte que la totalité du pécule équivalant exactement celle des richesses, la cent-milliéme partie d'une des deux masses repond toujours à la cent-millième par-

près 22 liv. dans les marchés de l'Europe, il est incontestable que notre [36] concurrence fera baisser ce prix ; mais d'excellentes rai-

tie de l'autre ; excepté dans de petites circonstances particulieres et de courte durée, les prix suivent sans cesse cette loi qui tient à l'équilibre universel des choses, et les variations qu'ils éprouvent en sont l'éffet ; un coup d'œil rapide sur l'Histoire en sera la preuve.

Nos peres (je veux dire les anciens habitants de l'Europe) établis sur les dépouilles de cette Rome qui depuis mille ans accumulait celles de l'Univers, étaient beaucoup plus riches en pécule qu'on ne le pense communément dans ce siécle où tant d'hommes lisent, et où si peu sçavent lire. Il en éxistait cependant une moindre somme qu'aujourd'hui, mais aussi il éxistait moins de richesses réelles. L'Angleterre tyrannisée par des Rois despotiques, ou déchirées par les guerres civiles, n'était rien ; l'Allemagne était à moitié couverte de bois ; le Nord, retraite de quelques Barbares, dont les fréquentes émigrations prouvent la misére et non pas le nombre, n'éxistait pas quant au Commerce ; la France, l'Espagne et l'Italie, seules contrées alors opulentes et bien cultivées, l'étaient en éffet plus qu'elles ne le sont actuellement : mais il est toujours de fait que s'il y avait une moindre masse d'argent, il y avait aussi moins de richesses et de consommateurs dans la totalité de l'Europe.

Dans cet état de choses qui s'est soutenu depuis Charlemagne jusqu'à Louis le Jeune, la proportion des richesses au pécule était telle qu'un septier de bled valait le tiers du marc d'argent. La fureur des Croisades qui se répandit alors, ayant enlevé des sommes immenses qui allaient se perdre dans la Palestine ou en chemin, diminua réellement la masse du pécule, et le pécule haussa de valeur relative ; le septier de bled ne valut plus que la cinquiéme, la sixiéme, et enfin la huitiéme partie du marc d'argent. La déstruction de l'Empire Grec qui enleva une Nation commerçante, dont le pécule très-considérable entrait par conséquent dans la communauté de biens que le négoce établissait entre les peuples de l'Europe, renchérit encore l'argent au point que sous le règne de Louis XI, et même dès la fin de celui de Charles VII, le septier de bled ne valait plus qu'un quinziéme du marc. Sous François premier, la découverte de l'Amérique apporta tout-à-coup une forte quantité de pécule ; on le vit rapidement baisser de valeur relative, et le bled remonter par conséquent ; la proportion de ce règne fut année commune d'un septier de bled pour la cinquiéme partie d'un marc d'argent. Sous Henri II enfin le pécule augmenta tellement, qu'il reprit avec les denrées la même proportion qu'il avait sous Charlemagne et ses successeurs, d'un septier de bled pour le tiers du marc d'argent : proportion qui s'est conservée depuis.

Mais pourquoi, dira-t-on, cette proportion s'est-elle soutenue, tandis que les transports d'Amérique ont sans cesse augmenté la masse du pécule ? Pourquoi ? Je l'ai dit plus haut, parce que les richesses et les consommateurs ont multiplié ; non pas en France, en Espagne et en Italie, ou tout prouve le contraire, mais dans l'Angleterre qui s'est enrichie, policée et peuplée, dans l'Allemagne qui a vû des moissons où elle voyait des forêts, dans la Suede et le Danemarck qui se sont civilisés et défrichés, dans la Russie qui est sortie du néant. Depuis que ces Etats se sont formés, d'autres raisons ont contribué à entretenir la même proportion ; d'un côté la maladie des porcelaines, des mousselines et des toiles peintes, les Compagnies qui se sont formées pour aller verser aux Indes l'argent que l'Amérique envoye chez nous ; de l'autre les Colonies agricoles de l'Angleterre, qui faisant chaque jour des progrès, créent des richesses qui se reversent en Europe par la Métropole, et contrebalancent les mines du Pérou.

sons trop longues à détailler ici, prouvent qu'il n'est pas possible [37] qu'il tombe au-dessous de 18 l. c'est-à-dire, que les variations iront au plus de 16 à 20 liv. comme en Angleterre, elles vont actuellement de 20 à 24 livres [1].

[38] Voyons par un Tableau resumé dans le goût de celui du Chapitre précédent, quel sera l'éffet de cette variation.

État du prix qu'aurait le Bled en France, conformément aux éffets que produit l'exportation en Angleterre.

ANNÉES	SEPTIER par Arpent.	PRIX du Septier.	TOTAL par Arpent.
Abondantes......	7	16 liv.	112 liv.
Bonnes..........	6	17	102
Médiocres........	5	18	90
Faibles	4	19	76
Mauvaises........	3	20	60
TOTAL	25 sept...	90 liv.	440 liv.

Prix commun de l'Acheteur.

3 Septiers de bled par an, c'est 15 [39] septiers en cinq ans, qui couteraient 3 fois 90 liv. ou 270 l. qui divisées par 15 donneraient 18 l. pour le prix de chaque septier.

Prix commun du Vendeur.

440 liv. produit total de 5 années, divisées par 25 septiers, donneraient 17 l. 12 s. pour septier; ainsi le *prix commun du Vendeur* ne serait que de 8 s. moindre que celui de l'Acheteur.

---

1. Il est à remarquer que l'accroissement de la population, de la consommation et des richesses (qui marchent toujours d'un pas égal à la suite de la liberté du Commerce) pourra faire remonter assez rapidement *le prix commun du marché général* au taux où il est aujourd'hui, et l'on sent quel prodigieux éffet cette observation ferait dans notre calcul, mais nous ne parlons que du moment présent. Il faut laisser quelques combinaisons flatteuses à faire pour ceux qui viendront après nous.

Le *prix commun fondamental* hausserait jusqu'à la petite marge de quelques sols de moins que le *prix commun du Vendeur* ; c'est-à-dire que le prix des baux et l'impôt territorial augmenteraient proportionnellement à l'accroissement du *produit net*, et le *produit net* alors (comme on le voit par la Table du Chapitre 2) serait de 1,425 liv. qui n'est au plus aujourd'hui que de 600 liv.

Oh ! certainement à présent tout est dit : et je bornerais ici cet Ouvrage, si je ne sçavais que les hommes jettent toujours un regard de complaisance sur l'inventaire de leurs richesses.

[40]   CHAPITRE V.

DE l'Accroissement de l'Agriculture et des revenus, fruit de la liberté absolue du commerce des Grains.

Il est clair que si la liberté absolue et irrévocable de l'exportation et de l'inportation des grains, qui établira chez nous le *prix commun* et peu variable du *marché général*, porte à 1425 livres le *produit net* d'une charrue, évalué à présent à 600 livres ; cet éffet répandu proportionnellement sur toutes les charrues du Royaume. qui donnent un *produit net* d'environ 164 millions, sur lequel le revenu du Roi ne pourrait être que de 47 millions au plus [1] ; cet éffet, dis-je, (sans [41] accroissement et sans amélioration aucune le culture) ferait monter le revenu de la nôtre en grains, à 389 millions 500 mille livres, et par conséquent la quote-part de l'Etat deviendrait d'elle-même cent onze millions de revenu sur les grains seulement. Cela vaut déja bien la peine qu'on y pense : mais ceux qui borneraient là leurs idées seraient éxorbitamment loin de la vérité. Cet immense accroissement de *produit net* multipliera partout des améliorations, des augmentations, des créations de culture, qui donneront aussi de nouveaux revenus dont la racine (c'est-à-dire, les richesses meres et productives) n'éxiste pas même aujourd'hui. Cela est simple et facile à concevoir, il ne faut encore que regarder pour s'en convaincre. L'instant qui, donnant la liberté au Commerce, accroîtra la *valeur vénale* des [42] grains, en assurera l'uniformité, et répondra par conséquent de l'augmentation de tous les revenus, ne dissoudra cependant aucun des engagemens déja contractés, et ne rompra point les conventions faites en raison de

---

1. Il s'en faut beaucoup que le revenu royal monte à cette somme ; cela serait, si la dixme était proportionnelle au revenu, ainsi qu'il est de l'éssence de toute imposition non déstructive : mais la dixme se levant sur la réproduction totale, devient une imposition irrégulicre qui, l'un portant l'autre (vû le prix où sont aujourd'hui les bleds en France) enleve le tiers du *produit net* au détriment du revenu royal et de celui des propriétaires ; ce qui réduit l'impôt territorial sur les grains à trente-huit millions seulement.

l'état actuel des choses : les Baux subsistans ne souffriront nul changement jusqu'à leur échéance. Ces baux sont faits pour neuf ans : or comme il en expire et s'en renouvelle à peu-près un nombre égal tous les ans, il résulte de-là que les Propriétaires et l'impôt ne participeront dans la premiere année de liberté qu'à la neuviéme partie de l'augmentation des revenus, le reste de cette augmentation demeurera entre les mains des Cultivateurs qui en accroîtront leurs avances, et l'employant en dépenses productives, multiplieront leurs entreprises, ou amélioreront leur culture ; ce qui donnera de toutes parts des additions de *produits nets*, qui grossiront sans cesse la masse des richesses de la Nation et de l'Etat. A la seconde année, les deux neuviémes de [**43**] l'augmentation des revenus seront passés entre les mains des Propriétaires [1], et contribuables à l'Impôt ; les sept autres neuviémes tourneront encore au profit de la culture. Dans la troisiéme année, le tiers ou les trois neuviémes de l'accroît sera revenu aux Propriétaires ; et les six neuviémes restans consacrés de nouveau à la multiplication des Richesses. Et ainsi jusqu'à la neuviéme année, où tous les Baux étant renouvellés, la culture ne recevra plus d'augmentation que par l'accroissement des dépenses et de la consommation.

Ces vérités claires, mais vagues et indéterminées ici, se soumettent à l'évaluation la plus stricte, et à la démonstration la plus scrupuleuse, comme on le verra par le tableau ci-joint ; car il est bon de voir, cela épargne au lecteur une [**44**] tension d'esprit fatiguante, et à l'Auteur de longs raisonnemens toujours inutiles quand ils ne portent pas sur des faits.

Tout est de fait dans le calcul que nous allons placer ici ; nous sçavons par la Table ci-dessus, (chap. 2.) Table fondée sur les évaluations des Laboureurs, seuls Juges-Experts en cette partie ; nous sçavons, dis-je, quels sont les *produits nets*, et les *reprises* ou frais de la culture, suivant les différens prix du septier de bled ; nous sçavons par ces mêmes évaluations quelle est la proportion des avances primitives aux avances annuelles ; nous sçavons encore, de science certaine, que tous les baux éxistans seront expirés d'ici à neuf années ; nous sçavons que ceux qui se recontracteront à mesure, le seront selon les circonstances actuelles alors, et que la

---

1. Je crois inutile d'avertir les Lecteurs sensés, que quand je dis les propriétaires, il ne s'agit ni de tel, ni de tel, mais de la totalité des propriétaires de la Nation.

TABLEAU

De l'effet de la liberté du Commerce extérieur des Grains, par rapport à l'accroissement de l'Agriculture & du Revenu, pendant le tems nécéssaire pour renouveller tous les Baux ; en supposant que la liberté ne produise dans l'abord qu'environ la moitié du bien que l'on en espére, & qu'il faille six ans pour établir en France ce Commerce dans tous ses avantages, & encore en supposant que la Culture aye toujours à supporter le contre-coup des charges indirectes qui retombent au double sur le Revenu.

	PRIX du Septier	REPRISES du Laboureur sur chaque Septier	Reproduction totale	PRODUIT NET	AVANCES PRIMITIVES (Qui augmentent chaque jour par l'accroit des richesses productives, mentionné en l'autre part.)	AVANCES ANNUELLES	RAPPORT du Produit net aux Avances annuelles	ACCROIT TOTAL du Produit net	qui se partage entre	L'ACCROIT du Revenu des Propriétaires, du Roi & des Décimateurs	L'ACCROIT des Avances primitives	ET L'ACCROIT des Avances annuelles	PRODUIT NET NOUVEAU causé par l'accroit des Avances productives, selon le rapport où la Culture est dans l'année	REVENU A PARTAGER entre les Propriétaires, le Roi & les Décimateurs
	liv. sol.	liv. sol. den.		liv.	liv.	liv.								liv. sol.
Etat actuel.	13 10	11 5	3,600	600	10,000	2,000	30 p. %	.....		.....	.....	.....	.....	600 0
1re Année de liberté.	15 14	11 12 4	4,054	1,054	10,000	2,000	$52\frac{18}{40}$ p. %	454 liv.		50 liv. 8 sol	322 liv. 18 sol	80 liv. 14 sol	.....	650 8
2e. Année.	16 15	11 15 10	4,402	1,281	10,323	2,081	$63\frac{1}{40}$ p. %	681		151 6	423 12	106 2	19 liv. 7 sol	751 6
3e. Année.	17 5	11 17 6	4,961	1,484	10,706	2,187	$67\frac{34}{40}$ p. %	884		294 13	471 8	117 19	126 15	894 13
4e. Année.	17 9	11 18 2	5,265	1,608	11,217	2,304	$69\frac{11}{40}$ p. %	1,008		448 0	448 0	112 0	212 14	1,048 0
5e. Année.	17 11	11 18 6	5,532	1,708	11,665	2,416	$70\frac{10}{40}$ p. %	1,108	qui se partagent entre	615 10	394 0	98 10	293 17	1,215 10
6e. Année.	17 12	11 18 8	5,763	1,791	12,059	2,515	$71\frac{4}{40}$ p. %	1,191		794 0	317 12	79 8	366 19	1,394 0
7e. Année.	Idem.	Idem.	5,938	1,847	12,377	2,594	Idem.	1,247		969 17	221 12	55 11	423 10	1,569 17
8e. Année.	Idem.	Idem.	6,061	1,887	12,599	2,650	Idem.	1,287		1,144 0	114 8	28 12	463 1	1,744 0
9e. Année.	Idem.	Idem.	6,124	1,907	12,713	2,678	Idem.	1,307		1,307 0	0 0	0 0	483 8	1,907 0

NOTA..

1°. On aurait pû conduire ce calcul jusqu'à la quinzieme année, parce que les Baux refaits durant les six premieres années, où le prix des Bleds n'a pas encore pris tout son accroissement, donnent aux Fermiers un bénéfice qui ne sera rentré aux Propriétaires que depuis la dixieme jusqu'à la quinzieme année ; & qui, dans cet'intervalle, procurera un accroissement de richesses productives qui n'est point entré dans ce Compte-ci. Si on l'y avait fait entrer, le revenu serait monté à environ 2200 livres, ce qui, sur toute la Culture en Grains du Royaume, aurait accru les richesses productives ou d'exploitation de 185 millions, & aurait donné, par ce moyen, une réproduction annuelle de 125 millions, dont près de 41 millions de *produit net* ou *revenu* : mais on a passé ce bénéfice pour la dépense en réparations des biens-fonds dégradés, reconstructions de bâtimens, &c.

Il est à remarquer, par rapport à cette dépense, qu'elle sera moins considérable, relativement à notre calcul, qu'on ne le croirait au premier coup d'œil, attendu que les Pays qui en ont le plus grand besoin, sont ceux exploités en petite culture : or l'accroit du revenu soustrait tous les ans des richesses productives en faveur des Propriétaires dans les lieux où les terres sont affermées, ne le sera point, & tournera directement au profit de l'exploitation dans les Pays de petite culture, où le Propriétaire fait lui-même, les avances.

2°. On a affecté de porter ce calcul au-dessous de toutes les évaluations reçues, afin d'être d'autant plus au-dessus de toute contradiction. Il est d'usage dans les calculs œconomiques, de compter 18 livres le septier de Bled, prix commun du Vendeur, pour le tems de liberté ; ce qui suppose le prix commun du Marché à 18 livres quelques sols : dans ce cas, la culture rapporterait 75 de produit net pour 100 d'avances annuelles, en supposant, comme dans ce Tableau, la continuité des charges indirectes que supportent les avances de la culture, & 100 pour 100 si toutes les dépenses qui ne sont pas d'exploitation, de travail & de consommation, étaient prises sur une part désignée à cet usage dans le revenu ; part qui serait conséquemment proportionnelle au revenu.

Par rapport aux charges indirectes que supportent les avances productives au détriment de la réproduction & du revenu, voyez La Note 6, page 16, & la Note 17, page 47.

concurrence des Fermiers assurera la rentrée de l'accroît du *produit net* aux Propriétaires et à l'Impôt. Nous avons donc tous les élémens nécéssaires pour faire ce calcul ; et dans la seule chose qui peut avoir l'air [45] d'une conjécture, nous avons soin de nous tenir si fort au-dessous de la vraisemblance, que nous ne craignons nullement d'être taxés d'éxagération.

Nous supposons donc, que dans la premiere année de liberté, le *prix commun du vendeur* de nos grains n'aura encore reçû qu'environ la moitié de l'accroissement qu'un commerce bien établi lui assurera dans la suite, et qu'il faudra six ans pour l'amener par une progréssion géométrique, au véritable *prix du marché général*. On conçoit que si cette supposition n'est pas sans fondement, du moins elle est peu ménagée. Bien des gens trouveront sans doute difficile à croire qu'entrant en concurrence avec des peuples accoutumés à vendre leurs bleds 21 et 22 livres le septier dans les marchés de l'Europe, nous ne puissions obtenir des nôtres que 15 livres 14 sols ; mais il faut s'imaginer que nos Concurrens ont leurs correspondances établies, tandis qu'il faudra former les nôtres, et que nos Marchands, peu [46] accoutumés à la manœuvre de ce commerce, perdront dans les commencemens une partie du prix de la denrée en faux frais. D'ailleurs, en tout j'aime à calculer bas et à mon désavantage, cela évite le désagrément de reculer ; sans compter que dans la matiere dont il s'agit, la force des choses et de la vérité parle assez haut, et le profit d'un commerce libre est assez grand, pour que 20, 30, 40 millions de plus ou de moins sur la totalité des revenus du Royaume, deviennent un objet de nulle considération.

Que nos Lecteurs regardent donc le tableau qui termine ce Chapitre, et qui exprime la marche de l'accroissement des revenus et de la culture, pendant les neuf années nécéssaires pour le renouvellement entier des Baux.

Ce Tableau a été fait avec la plus grande attention ; que les Calculateurs l'épluchent, le pésent et le jugent, c'est leur droit ; mais que ceux qui ne sçavent ou ne veulent point compter, ne s'avisent pas de nous contredire.

CHAPITRE VI.

CONTINUATION du précédent.

Il paraît sans replique, par le Tableau que l'on vient de voir, qu'un revenu de 600 liv. sera porté dans neuf ans à 1,907 livres, moyennant l'irrevocable liberté du commerce extérieur des bleds. Il est donc sensible que le revenu total de la culture des Grains, évalué aujourd'hui 164 millions, sera alors de 536 millions. Le Roi, jouissant des deux septiémes de ce revenu [1], aura tous les ans 153 millions à recevoir sur les seuls produits de la charrue. Cela paraît beaucoup peut[**48** et **49**]être, aux gens qui n'ont jamais envisagé que les faibles revenus d'une nation livrée aux désordres du systême prohibitif et du prix vil et variable ; il y a cependant bien plus encore. Nous avons d'autres cultures que celle des grains [2],

---

1. . . . .

Il y avait ici une Note importante qui a été supprimée par l'Auteur. On la retrouverait de même que les autres lacunes du Chapitre 3, dans les Mémoires secrets de la Société Royale d'Agriculture de Soissons.

2 La culture se tourne toujours du côté où elle est le plus profitable, en vertu de la tendance que le Ciel a donnée aux hommes vers leur intérêt, chacun veut cultiver la chose sur laquelle il a vu son voisin faire un grand bénéfice. Augmenter la valeur d'une denrée, c'est donc en assurer la multiplication, donner la liberté entiere, absolue et irrévocable de l'Exportation et de l'Inportation des Grains, liberté qui accroîtra le prix commun des nôtres, c'est donc nous assurer un préservatif contre la disette ; *cherté foisonne.* Mais lorsqu'une espéce de culture s'étend aux dépens des autres, la production de ces autres devenue plus rare augmente de prix, ce qui ranime le genre de culture que l'on allait négliger, et ce qui maintient l'équilibre. La compensation de l'emploi des terres suivra donc toujours celle du prix des différentes productions du territoire ; le tout pesé à la scrupuleuse balance de l'intérêt personnel et particulier, balance qui n'est point sujette à l'erreur, parce qu'elle est d'institution divine balance qui éxaminée avec réfléxion et de près, se trouve (quoi qu'en disent les Rhéteurs) éxactement et intimement liée à celle de l'intérêt public. Car l'intérêt public n'est autre chose sinon que la Nation soit riche et heureuse, qu'elle ait de gros revenus, qui puissent toujours fournir à tous ses besoins, et donner en sus une part suffisante pour le maintien du Gouvernement, pour l'entretien de la défense au-dehors, et de la police au-

nous en avons même [**50** et **51**] pour lesquelles nous sommes plus privilégiés de la nature ; (tels sont les vins etc.). Or tout est lié, tout se tient sur la terre, tout a des chaînes secrettes, gages de la bonté divine, et par une influence aussi rapide que le feu électrique, lorsque la richesse se répand sur une branche de culture, toutes les autres en ressentent la commotion.

[**52**] Une augmentation considérable de richesses nationales, c'est-à-dire, de plus gros revenus pour les Riches, et conséquemment de plus grands salaires pour les pauvres, ne sont autre chose qu'une faculté universellement plus grande de tout acheter, et de se pourvoir de vin, de viande, de bois, etc. d'où naîtra une plus forte consommation, qui aménera indispensablement un accroissement de *valeur vénale*, parce que toute marchandise renchérit en raison de la quantité et sur-tout de la richesse des Acheteurs.

Or un accroissement de valeur vénale sur toutes ces denrées ne produira pas un effet différent de celui que nous venons d'en voir naître par rapport aux Grains. Toute culture a ses *reprises*, ou ses frais indispensables, et son *produit net* ; en haussant le prix de la denrée, on augmente un peu les *reprises* et beaucoup le *produit net* : cela est général sur quelque chose que ce soit. On estime que le revenu de ces autres genres de biens, évalué aujourd'hui [**53**] à environ 244 millions, serait au moins doublé par l'influence de la richesse, fruit de la liberté du commerce des Grains. Le total des revenus de la Nation serait donc au bout de neuf années monté à un milliard, vingt-quatre millions, qui donneraient au Roi un revenu direct d'environ 300 millions levés presque sans frais.

Il est à remarquer que, comme nous l'avons déja dit, tous ces calculs supposent la continuité des charges indirectes, qui supportées par les avances annuelles de la culture retombent au double sur le revenu, et auxquelles la nécéssité des circonstances oblige

---

dedans. Or pour que la Nation ait de grands revenus, il faut que chaque citoyen travaille à reproduire et à multiplier les siens de la maniere qui lui paraîtra le plus convenable, et celle qui lui paraîtra le plus convenable sera toujours celle qui lui rapportera le plus. Peu importe à l'Etat que son territoire produise du bled, du vin, du chanvre, ou du bois ; la seule chose qui l'intéresse, est d'avoir beaucoup de revenu par la vente de ses productions, soit dans l'intérieur, soit à l'étranger. avec cela on se pourvoit de tout. Si dans les marchés de l'Europe la cigue se vendait plus cher et mieux que le bled, il n'y a point de doute que ce serait de la cigue et non des grains que l'on cultiverait, et qu'il faudrait cultiver ; car avec l'argent qui en reviendrait, on acheterait du bled et encore autre chose.

aujourd'hui le Gouvernement. Mais à mesure que les revenus de la Nation et de l'Etat augmènteraient, cette nécéssité diminuerait ce qui redresserait la marche des choses, et donnerait lieu à un calcul tout différent, dont le résultat serait d'environ deux milliards de revenu pour la Nation, et plus de cinq cens millions pour le Roi [1].

[54] Ces notions élémentaires suffisent pour rendre moins étonnans, et pour faire concevoir les progrès rapides du rétablissement du Royaume sous l'administration de M. de Sully [2] : et l'on voit par

---

1. Pour produire tous ces éffets, il n'est pas nécéssaire que nous vendions un seul muid de bled à l'étranger, il suffit que nous ayons la liberté de le faire et d'acheter les siens ; liberté qui nous assure la participation au *prix commun du marché général* et à tous ses avantages.

2. Tout le monde sçait combien M. le Duc de Sully favorisa la liberté du commerce des Grains. Il changea là-dessus le système du Gouvernement. Avant qu'il eût la direction des affaires, le 4 Mars 1595, on avait encore rendu une Ordonnance prohibitive ; mais il parvint aisément à convaincre Henri IV des avantages de la liberté. Rien ne le prouve mieux que deux Lettres de ce Monarque, adressées dans le même jour à M. de Sully, au sujet d'un Traité fait avec l'Espagne. Nous ne nous refuserons point à la satisfaction de placer ici ces deux Lettres, on y verra quelle était la façon de penser du Roi, et avec quelle bonté il veillait aux intérêts de ses Sujets. Tout ce qui vient de ce grand Prince est en droit d'exciter notre attendrissement, et c'est avec les larmes du respect et de l'amour que je vais transcrire ses expréssions.

Mon Cousin, je suis bien-aise que vous ayez conclud et arresté avec le Cardinal Bufalo, l'Ambassadeur d'Espagne et le Sénateur de Milan, le Traicté dont je vous avois donné charge pour le rétablissement du Commerce, je suis bien de votre advis qu'il est nécéssaire d'avoir la ratiffication d'Espagne avant que faire la publication : mais cependant parce que je sçais que c'est chose qui est fort desirée de mes Subjets, vous leur ferez entendre aux lieux que vous jugerez le plus nécéssaire, que dès-à-présent je leur accorde la permission de faire transporter des bleds, sans les assubjettir à prendre aucuns passeports ni autre seûreté que les advis que vous leur donnerez de ma volonté, réservant à leur donner la liberté entiere des autres marchandises, lorsque la ratiffication estant venue d'Espagne, je vous ordonnerai de faire faire la publication générale dudict Traicté ; et n'estant la présente à autre fin, je prie Dieu qu'il vous ait, mon Cousin, en sa saincte garde. Escrit à Fontainebleau le 17 Octobre 1604. HENRY.

Voici la seconde de ces Lettres pour le même sujet.

Mon Cousin, vous sçavez mieux que nul autre, puisque c'est vous qui l'avez fait, comme le Traicté pour la liberté du Commerce ayant esté conclu et résolu, la publication n'en a esté difftrée que pour attendre la ratiffication qui en doit venir d'Espagne ; mais cependant, parce que je sçais que c'est chose qui est fort désirée de mes Subjets, et qui leur est importante et commode, j'ai estimé que le retardement de la publication ne debvoit point retarder de leur donner cette consolation de leur faire sçavoir ce qui s'en est passé ; et encore de leur permettre dès-maintenant de le pouvoir éxécuter, pourvû que ce soit pour les bleds seulement: pour cette occasion vous leur ferez sçavoir ce que dessus ; et comme de cette heure la permission leur est par moi accordée pour

elles [**55**] que les mines du Pérou sont sous nos pieds. Oui, elles y sont ; car jamais les [**56**] métaux qui en viennent ne passeront qu'à ceux qui auront des richesses à donner [**57**] en échange, et si les richesses croissent dans nos champs, que nous importe qui aille en Amérique et aux Indes ? ce seront toujours nos Commissionnaires.

---

le transport desdits bleds, sans les abstraindre à prendre aucun passeport ni autre seûreté que cette déclaration que vous leur ferez de ma volonté, leur ordonnant néantmoins de différer le transport des autres denrées jusqu'après que ladicte publication aura été faite ; et n'estant la présente à autre fin, je prie Dieu, mon Cousin, vous avoir en sa saincte garde. Escrit à Fontainebleau ce dix-septiéme jour d'Octobre mil six cent quatre. HENRY.

Dans cette même année 1604, le Parlement de Toulouse rendit un Arrêt qui défendait l'exportation des Grains. M. de Sully en écrivit sur le champ au Roi, comme d'un fait attentatoire à son autorité et au bonheur de ses peuples, et le Roi fit casser l'Arrêt du Parlement.

Nonobstant cet éxemple, le Juge de Saumur s'avisa de réitérer en 1607 la défense de transporter les bleds hors du Royaume. M. de Sully non-soulement fit casser la Sentence, mais fit decréter d'ajournement personnel les Officiers de Justice qui l'avaient rendue.

Tous ces faits sont de notoriété publique ; le rétablissement de l'Agriculture, le bonheur de la Nation, la richesse et la puissance du Monarque, en furent les conséquences nécéssaires et rapides. Au reste il ne faut pas inférer des expréssions dont je me sers ici, que M. le Duc de Sully eût une connaissance détaillée de la science et des calculs œconomiques, il en ignorait la marche, et s'égarait quelquefois ; (l'interdiction du Commerce qui avait donné sujet aux deux Lettres de Henri le Grand, que nous venons de citer, en est la preuve) mais la force de son génie le redressait et lui en faisait voir les résultats.

Dans le fait cette science utile et profonde est nouvelle ; l'illustre et sage Vauban, le patriote Abbé de S. Pierre n'en avaient aucune idée ; cette découverte, qui immortalisera notre siécle aux yeux de la reconnaissante Postérité, est due à un homme d'un génie sublime et perçant, qui s'est acharné à observer la marche de la nature, qui a vû que ses opérations suivaient des loix invariables, et qui a imaginé une formule de calcul propre à les exprimer dans tous les cas. La lumiere universelle est née de cette ingénieuse invention, qui vaudra à celui qui l'a faite la premiere place peut-être dans la liste des bienfaiteurs du genre humain.

---

[58]

CHAPITRE VII.

OBJECTION : Réponse ; Avantage pour le bas Peuple dans l'augmentation des salaires.

Jusqu'a présent voilà qui va bien ; nous voyons clairement, sans raisonnemens pénibles, et par la seule inspection des faits, que l'entiere et irrévocable liberté du Commerce extérieur des Grains ferait beaucoup plus que tripler les revenus de la Nation et de l'Etat. *Mais*, crieront les contradicteurs citadins, *tous ces calculs ne sont fondés que sur le renchérissement des bleds, et par conséquent du pain ; le Peuple est déja si pauvre, que pour peu que le pain renchérisse, il ne pourra y atteindre. Au lieu que la prohibition tend à entretenir l'abondance dans le Royaume, ce qui soutient le bas prix plus à la portée des pauvres gens.*

Ah! revenons sur nos pas, et éxa[59]minons cette objéction, quoique déja fort usée, car il est incontestable qu'il ne faut pas faire de la peine aux *pauvres gens.*

1º. *Que nos calculs ne soyent fondés que sur l'augmentation du prix des bleds*, cela n'est pas vrai. Car ils sont aussi fondés sur le peu de variation de ce prix ; et les variations sont telles aujourd'hui, qu'il y a trente sols de perte pour les revenus de la Nation sur chaque septier de bled, lesquels 30 sols ne tournent point au profit du consommateur, qui achéte le bled 15 livres, lorsque le Laboureur ne le vend que 13 livres 10 sols. De sorte qu'en rapprochant seulement les deux prix, ce que fera la liberté du commerce extérieur, on augmentera de moitié tous les revenus sans renchérir aucunement le pain.

2º. *Que la prohibition tende à entretenir l'abondance dans le Royaume ;* c'est ce que j'ignore et qui m'importe peu ; je sçais bien seulement qu'elle n'y est pas [60] propre. Et de ceci il y a preuve de fait, car sous Henri IV nous avions une grande quantité de grains à vendre à l'Etranger, tandis qu'à présent nous sommes sujets à des disettes assez fréquentes nonobstant la prohibition [1] ; et l'Angleterre qui n'avait pas de récoltes suffisantes, avant de favoriser par des récompenses l'exportation des grains, en a de surabondantes [**61**] aujourd'hui, parce que rien n'encourage une forte culture comme un débit avantageux. Mais lorsque, dans un Pays fermé par des Loix prohibitives, le Laboureur est écrasé sous le poids d'une récolte abondante, dont il ne sçait que faire et qui ne rembourse pas ses frais ; lorsqu'il n'a point d'argent pour payer son Propriétaire et la Taille ; lorsque redoutant de se trouver dans le même cas, il ne laboure que ses meilleures terres, néglige les autres, épargne le travail et les façons ; lorsque méprisant une denrée avilie, il la garde sans soin, la gaspille, et en nourrit ses bestiaux ; lorsqu'ensuite le Gouvernement entraîné par la nécéssité, étourdi par les plaintes des Propriétaires, et pressé par la difficulté de lever les impôts, accorde une permission passagére d'exporter après que la *misére de l'abondance* a déja fixé les grains au plus bas prix ; lorsque des Cultivateurs affamés d'argent, craignant de laisser passer le moment de liberté, craignant que la permission donnée au[**62**]jourd'hui ne soit révoquée demain, se hâtent de vendre aux premiers *offreurs* ; il arrive que le Royaume s'éffruite réellement, et que la récolte venant ensuite mal préparée, mauvaise, insuffisante, et l'Etranger se souciant peu d'envoyer des denrées dans un pays d'où on ne les laisse point ressortir en cas de *non débit*, il est de nécéssité que la famine soit partout. C'est ainsi que la prohibition entretient l'abondance.

3°. *La prohibition* ne *soutient* pas plus *le bas prix* qu'elle ne fait *l'abondance*. Nous avons vû que les prix du bled dans un Royaume où il y a prohibition variaient depuis moins de 10, jusqu'à plus de

---

1. L'Auteur d'une Brochure nouvelle, qui a cru disculper M. de Colbert de n'avoir point assez favorisé le commerce des Grains, en citant une longue suite d'Arrêts du Conseil, lés uns contenant des permissions passageres, particulieres et à tems préfix, les autres décidément prohibitifs ; ajoute que *si l'on veut bien faire attention que dans ce tems-là la France étoit le seul magasin de l'Europe, on conviendra que rien n'étoit plus sage que ces précautions prohibitives, passageres.... mais qu'elles seroient déplacées aujourd'hui.... que l'Angleterre et le Nord* lui disputent cet avantage.

Je ne vois là-dedans qu'une vérité claire, c'est que la France était alors le seul magasin de l'Europe ; mais que depuis l'on a si heureusement usé de ces *sages précautions prohibitives*, qu'elle ne l'est plus et ne le sera jamais. *Ah !* dirait Jeremie, *videbant inimici malum meum et gaudebant, quis ad lacrymandum oculos dabit mihi ?*

25 livres le septier ; et rien n'est plus nuisible à la subsistance des peuples. Car il doit y avoir une relation indispensable entre la valeur des denrées et le prix des journées, puisque le but de celui-ci est de procurer au journalier le moyen de subvenir à ses besoins : or chacun arrangeant à peu près sa dépense sur son gain, selon [63] le prix moyen des denrées ; si elles viennent à hausser tout-à-coup, comme cela arrive dans un pays de désordre et de prohibition, toutes les combinaisons des *pauvres gens* sont anéanties: il ne se trouve plus de proportion entre les salaires et les dépenses alimentaires des ouvriers ; leur gain ne suffit plus à leur subsistance ; la misère devient subite, générale, et dévore le territoire et les habitans. Mais un pays qui, laissant la plus grande liberté au commerce extérieur des productions du crû, est toujours sûr de participer au *prix commun du marché général*, n'est point sujet à ces tristes secousses ; la valeur des denrées n'y éprouve que de lentes et faibles variations ; le pain ne s'y mange jamais plus cher que chez les autres Peuples ; et comme je viens de le dire, chacun y proportionnant sa dépense à son gain, est sûr d'y vivre sans révolutions et sans malheurs.

L'abondance, nous dit-on en quatrième lieu, *cause le bas prix plus à la portée des* [64] *pauvres gens d'entre le peuple* [1]. C'est ce qu'il faut voir ; quant à moi j'ai rencontré souvent force honnêtes et véritablement *pauvres gens* de ce peuple, qui demandaient l'aumône en lieux où sûrement il ne manquait ni bled ni pain, et où même il n'était pas à un prix exhorbitant : mais à quelque prix qu'il fût, ils n'avaient point d'argent pour en acheter.

L'argent, c'est donc la principale affaire ; c'est la condition *sine quâ non.* Et d'où vos pauvres en tireront-ils, quand la plus grande partie des propriétaires, réduits à la subsistance, ne pourront leur donner d'ouvrage, faute d'avoir eux-[65]mêmes dé quoi payer les ouvriers ?.... Mais si au contraire vous assurez de l'argent aux propriétaires par l'augmentation de leur revenu, vous ne faites que

---

1. Si cela était vrai, nous verrions les *pauvres gens* courir en foule dans les cantons où les denrées sont à bas prix. Tout au contraire, nous voyons les Montagnards de l'Auvergne et du Limousin, quitter leur pays pour venir à Paris chercher des denrées six fois plus cheres. Cela vient de ce qu'à Paris ils trouvent des salaires, au lieu que dans leurs villages misérables tout est à trop vil prix pour que les propriétaires ayent de l'argent à faire gagner à personne. Or les hommes *possédans bras* courent après les salaires comme les hirondelles après les mouches.

leur procurer le moyen de faire une plus grande dépense, et ils la feront ¹ ; car le revenu n'est bon que pour en jouir, et l'on n'en peut jouir qu'au profit des autres hommes. Il s'en faut beaucoup, que la charge de consommateur soit aussi inutile qu'on le croirait au premier coup d'œil. Ce sont les consommateurs qui servent de chaîne à la société par le revenu qu'ils versent de toutes parts ; c'est par le secours de leur dépense que les hommes qui ne possédent que leurs bras acquiérent la faculté d'acheter du pain, de la viande, et des habits : par cette dépense le revenu de la Nation se divise de mille manieres, de sorte qu'il n'en [**66**] reste à chacun que sa consommation personnelle, (en quoi le riche différe peu de celui dont il paye les travaux ou les services) ce qui fait à peu près en réalité le partage que nous avons fait ailleurs en hypothèze en cherchant quelle était la quote-part d'un Citoyen ².

Or, comme la liberté du Commerce extérieur des grains triplera au moins le revenu de la Nation, et ne pourra cependant tripler avec la même rapidité le nom[**67**]bre des *partageans* ce revenu, il arrivera que la part de chacun sera plus forte ; ou en d'autres termes, que les propriétaires dépensant tout leur revenu, lequel sera triplé, et n'employant pas trois fois plus de gagistes, feront faire plus d'ouvrages ; ce qui assurera des salaires à tout le monde, et un plus fort salaire à chacun.

Alors quoique le pain soit un peu plus cher il sera infiniment plus à la portée des *pauvres gens* d'entre le peuple : parce que tout ce peuple aura de l'argent, vû qu'il aura des salaires et des salaires proportionnés au renchérissement de sa dépense. Et comme dans

---

1. Il est incontestable que tout l'argent des revenus annuels d'une Nation se dépense annuellement par les propriétaires ; car un très-petit nombre d'entr'eux l'enferme, mais aucun ne l'emporte après sa mort.

2. Il n'y a que le calcul qui puisse faire comprendre combien un écu de plus sur le prix du septier de bled, ferait circuler de centaines de millions dans le Royaume.

Il est aisé cependant de sentir au premier coup d'œil, que plus il y aura de revenu, plus il y aura de rétribution ou de salaire pour les différentes classes de citoyens ; plus il y aura de consommation et de débit pour toutes les différentes productions du territoire ; plus les richesses et la circulation se multiplieront dans les Villes, par les dépenses des grands propriétaires qui y résident ; plus l'industrie, les Manufactures, le Commerce prospereront ; plus il y aura de travail et d'aisance pour l'ouvrier journalier, et de secours pour l'infirme et l'indigent : plus enfin il y aura de facilité pour le payement des créanciers et des rentiers.

ce tems-là, il n'y aura plus de disette de revenus qui nécessite la disette du travail, il sera peut-être possible de prendre un parti au sujet des mendians: chose très-difficile aujourd'hui, parce que les uns le sont par libertinage, et les autres par une misère réelle et forcée; et l'une de ces deux espèces de pauvres est aussi respectable, que l'autre est répréhensible..

[68] # CHAPITRE VIII.

OBJECTION, Réponse. La liberté du Commerce des Grains occasionnera une diminution relative dans le prix des denrées, et notamment dans celui du pain.

Il y a des gens qui ne comptent point, mais qui parlent : comme le nombre en est assez considérable dans la Nation, voici un chapitre exprès pour eux.

Ces Messieurs pourraient faire des objections au sujet du chapitre précédent. *Quel profit, nous diront-ils peut-être, quel profit retirera-t-on du renchérissement des bleds, si ce renchérissement augmente le prix des salaires, et par conséquent celui des autres productions ; et même les frais de la culture du bled, des vignes, etc. en un mot tous les travaux des hommes, puisque la nourriture des hommes aura haussé de prix ? Nous ne gagnerons rien à l'augmentation de nos revenus, parce que nos denrées [69] prenant un accroissement proportionnel de valeur, tout reviendra au même.*

Soit, je le veux bien pour un moment, car je n'aime pas la dispute. Mais voici un fait, c'est que, quand le bled ne vaut prix commun que onze livres le septier le Laboureur ne retire que ses frais, et ne peut payer aucun revenu. Il ne faut d'autre preuve de ce fait que la décision même du Laboureur : car, comme nous l'avons déja dit plus d'une fois, il est juge souverain en cette partie, et pour avoir du revenu, il est indispensable qu'il veuille et qu'il puisse en payer.

Or, ceci posé, il s'ensuit du raisonnement de nos adversaires que jamais le Laboureur ne pourra payer de revenu, car si la valeur du bled augmente d'un sixiéme, les frais de culture, selon leur hypothèse, augmenteront aussi d'un sixième ; et l'accroissement de prix du bled ne lui fournira point d'excédent par-delà ses frais pour payer le fermage, les impôts, etc. Il lui serait de même très-indifférent que la va[70]leur du bled baisse d'un sixième, d'un tiers, ou de moitié, car les frais de culture baissans à proportion, tout sera égal suivant leur système, et il vaudrait autant pour le cultivateur que le bled ne fût pas plus cher que l'eau qui est pour le moins aussi précieuse; mais toujours point de revenu. Les Fermiers payent cependant un revenu aux Propriétaires en raison du prix des bleds, ou laissent les terres en friche [1].

Mais, reprend-t-on, ce n'est pas cela, vous ne nous entendés pas, il s'agit des Propriétaires eux-mêmes, qui recevant plus de revenu et achetant tout plus cher, et donnant comme vous venés de le démontrer, [71] *de plus forts salaires aux ouvriers qu'ils employent, sont bornés à la même quantité d'ouvrages et d'achats, que s'ils avaient moins de revenu et tout à meilleur marché.*

Bien, nous y voilà ; c'est-à-dire, que lorsque le bled sera à onze livres, et que les Propriétaires n'auront (d'après la décision du Laboureur) aucun revenu, ils pourront, néanmoins employer autant d'ouvriers et faire autant d'achats que si leurs terres leur donnaient du revenu. Car le raisonnement poussé jusques-là nous conduirait nécéssairement et *gradatim* à cette conclusion ridicule. Encore le paradoxe doit-il s'étendre à tous ceux qui ont leur travail ou des denrées de toute espéce à vendre, aux rentiers même; car quoique les Laboureurs ne pourraient payer aucun revenu au Roi ni aux Propriétaires des terres, le Roi et les Propriétaires pourraient payer aussi bien et faire les mêmes achats, le débit des denrées, les salaires et les arrérages [72] des rentes [2] seraient également assurés.

---

1. Comme personne ne veut affermer sa terre pour n'en recevoir aucune location, quand il ne se trouve plus de Fermiers qui veuillent s'assujettir à payer un revenu, il n'y a pas plus de baux. Cependant la terre n'est pas encore abandonnée pour cela ; le propriétaire aime mieux faire les avances, qu'il est forcé de prendre en plus grande partie sur le fond même, faute d'argent, ce qui établit ainsi la *petite culture.* Culture languissante et pauvre, qui peut subsister sans profit pour la Nation, tant qu'elle rend les frais.

2. Les rentes seront étab ies sur les brouillards des rivieres, dans tout pays où elles ne seront pas assurées par le revenu des biens-fonds. Ceux d'entre les Rentiers qui craignent d'acheter le bled plus cher, ne sçavent pas que la décadence des revenus et de l'impôt est une suite inévitable de la prohibition du commerce des Grains ; que par cette décadence leurs rentes commencent déja à envahir le revenu royal; que si le système prohibitif continuait, les revenus diminueraient au point de ne pouvoir suffire à les payer. Ce qui, malgré toute la droiture du Gouvernement, forcerait l'État à une banqueroute aussi désespérante pour un Prince équitable et bon, que désastreuse pour ceux qui s'y trouveraient compris.

Voilà une belle logique, et c'est ainsi que l'on s'enserre quand sur des matières de calcul on veut décider et ne calculer point. J'espère que nos contradicteurs se dégoûteront de cette méthode, et que ceux d'entre eux qui n'en sont pas incapables, compteront et reviendront à notre compte : dès qu'ils voudront réfléchir, ils sentiront une fois pour toutes que plus les bleds seront à haut prix, et plus les Laboureurs pourront payer des revenus ; [73] que plus le territoire donnera de revenu, et que plus la Nation sera riche, plus la Nation sera riche, plus le Roi et les Propriétaires pourront dépenser au profit de tous ; ils verront que tous les Cultivateurs vivant sur les *repr*.*ses* du Laboureur, ne pourront jamais endurer la disette tant que ces *reprises* seront assurées ; ils s'appercevront en même tems que tout le reste de la société partage le revenu ; puisque tous les hommes qui composent ce reste sont ou Propriétaires *possédans revenu*, ou Ecclésiastiques vivant sur la dixme qui doit être une *portion du revenu*, ou Gagistes de l'Etat subsistant par des honoraires que fournit l'impôt *autre part du revenu*, ou Artistes et Commerçans dont les salaires et les gains qui les font vivre sont établis sur la *dépense du revenu* faite par les Ecclésiastiques, les Employés du Gouvernement et les Propriétaires ; ils reconnaîtront que le prix du pain étant augmenté d'un sixième, tandis que la richesse publique et toutes fortunes particulieres ont triplé, cette [74] augmentation qui les éffraye devient une diminution relative très-considérable, et qui produit pour le peuple le même effet que si le pain était réellement baissé des deux tiers, toutes autres choses subsistant dans l'état actuel ; ils n'auront pas de peine à concevoir que si la quote-part de chaque pere de famille est l'un portant l'autre vingt sols par jour, quand le septier de bled se vend 15 livres, et que le pain par conséquent doit valoir 18 deniers ou six liards la livre lorsque le septier de bled se vendra 18 livres, et par conséquent la livre de pain 21 deniers ou 7 liards [1], et que ce

---

1. Le son paye au moins la mouture du bled ; le septier de Paris rend 180 liv. pesant de farine blutée, qui font 220 livres de pain ; l'usage est de faire trois fournées de suite ; chacune contient environ 110 pains de quatre livres, produit des deux septiers ; les frais de façon et cuisson pour ces six septiers en trois fournées, sont de 8 liv. 3 s̸ comptons 9 liv. et c'est donner du large, cela fera 1 liv. 10 sols par septier. Si l'on veut donc sçavoir quelle doit être la valeur du septier de bled relativement à celle de la livre de pain, il faut multiplier le prix de celle-ci par 220, puis ôter 1 liv. 10 sols du pro-

même pere de famille [75] aura 3 livres par jour, (ou telle autre augmentation de salaire qui sera toujours en raison composée du renchérissement des dépenses et de l'augmentation des revenus.) Il ne lui prendra nulle envie de se plaindre ; et ce peuple dont on paraît aujourd'hui vouloir embrasser la cause, sera très-content de son sort devenu réellement trois fois plus heureux.

---

duit de la multiplication, le reste sera la valeur du septier, prix commun du marché, *et vice versa*. Ce calcul est fait suivant les évaluations ordinaires des Meuniers et des Boulangers ; mais depuis que ceci est imprimé, l'Auteur a eu communication du Procès-verbal de l'expérience faite en dernier lieu à l'Hôpital général de la Salpêtrière ; il résulte de cette expérience qu'un septier de bled mis en farine selon la mouture œconomique a rendu 252 liv. 8 onc. de pain. Il suit de là que tous frais faits, le prix de la livre de pain ne doit être que d'autant de deniers que le septier de bled mesure de Paris a coûté de livres. Ainsi donc à 18 liv. le septier, prix commun de liberté, le pain se vendrait six liards la livre ; et s'il était possible que le septier de bled montât jusqu'à 24 liv. le pain ne se vendrait cependant que 2 sols, ce qui n'est pas une cherté capable d'allarmer qui que ce soit.

[76] # CHAPITRE IX.

AUTRE Objection, Réponse. L'accroissement de la population, sera encore une conséquence de la liberté de l'exportation et de l'importation des Grains.

Les Contradicteurs nous attaqueront peut-être encore: *Vous ne réflechissez point, diront-ils, vous nous parlez sans cesse d'accroissement de revenu, et pu's d'accroissement de réproduction; si l'on vous écoutoit, nous regorgerions bien-tôt de denrées de notre crû, et nous reviendrions au cas que vous avez appellé la misère de l'abondance: nous ne trouverions point à débiter une si grande quantité de denrées, nous n'en pourons vendre que tant en Espagne, tant en Italie, tant dans tel autre endroit; vous en auriez beaucoup de superflues dont vous ne sçauriez absolument que faire: votre entreprise périrait faute de débit, vous auriez un grand fonds de boutique et point d'acheteurs, etc. etc. etc.*

[77] Cette objection n'est point une chimere, elle se trouve dans les livres imprimés [1].

Je vais lui répondre par une histoire. « Je me promenais il y a
» quelque tems au Palais Royal, avec un homme de beaucoup
» d'esprit et de sens; les moineaux marchaient sur nos pas; pour-
» quoi, lui dis-je, voyons nous ici une prodigieuse quantité de ces
» petits oiseaux, tandis que l'autre jour à la chasse nous avons à
» peine rencontré deux ou trois? Aux champs ils sont libres, en
» plein air, peu incommodés, peu fréquentés des humains, pour-
» quoi n'y sont-ils pas proportionnément beaucoup plus nombreux
» que dans ce jardin, petit et renfermé, où l'affluence du monde
» devrait les effrayer et les faire fuir? pourquoi ?... Pourquoi
» m'interrompit-t-il. regardez; en effet, il me fit voir vers le caffé
» un homme qui leur jettait du pain: voici la raison, ajouta-il,
» ces oiseaux trou[78]vent ici facilement et abondamment de quoi

---

1. Voyez le Consolateur. [par S. A. Coste, baron de St-Supplix, 1763, E. D.

» vivre, ils s'y rassemblent et y multiplient ; dans les bois où leur
» pâture est moins bonne et plus difficile à rencontrer, ils sont plus
» rares. Sçachés, mon ami et ne l'oubliés pas, que la *mesure de la*
» *subsistance sera toujours celle de la population.*

Reprenons un ton plus sérieux, la plaisanterie indispensable contre de certaines façons de raisonner, n'est cependant point dans mon caractère ; et je la hais surtout dans des sujets qui importent au bien de ma patrie, et plus encore au bonheur de l'humanité.

Nous aurons, dit-on, *des denrées de notre cru, fruits d'une reproduction trop abondante, et que nous ne pourrons vendre à l'Etranger ; qu'en ferons nous ?* Des hommes. Apprenez, raisonneurs Citadins, apprenez que dans un Etat riche et qui a des revenus, les hommes se sément dans les champs, se labourent et se hersent avec le bled qui doit les nourrir.

La misére de l'abondance ne peut se faire [**79**] sentir que dans les pays où les Propriétaires n'ont point de revenu, ou n'en ont qu'un trop faible pour fournir des salaires suffisans à la classe ouvriere ; ce qui force chacun de resserrer sa consommation, au détriment de l'agriculture qui ne débitant pas ses produits est obligée de diminuer un revenu déja trop médiocre, et qui par la continuation de cette triste manœuvre court à son anéantissement total.

Mais quand l'abondance est née de l'aisance universelle, et des reversemens considérables que la classe productive a reçu par les dépenses de la Société, il n'est jamais à craindre qu'elle soit trop grande ; il arrive de tous côtés des hommes qui viennent chercher des salaires et de l'aisance ; l'aisance fait naître de nouveaux consommateurs qui contribuant à soutenir le bon prix de la denrée, assurent, par-là même, les revenus qui les mettent dans le cas de la payer [1].

[**80**] Lorsque le Laboureur ne retire que ses frais, il est clair que personne n'ayant de revenu pour payer sa denrée, la réproduction

---

1. L'Agriculture est sur terre l'alpha et l'oméga, le commencement et la fin de toute richesse ; il n'y a rien qui n'en vienne, et rien qui n'y retourne par un circuit plus ou moins long ; de sorte que la consommation du revenu qu'elle fournit sert à la soutenir.

Les Egyptiens, peuple cultivateur et ingénieux, représentaient la Divinité par l'image d'un serpent, qui mangeant le bout de sa queue formait un cercle. Ils avaient raison, c'était la peindre par l'Agriculture qui est le premier de ses bienfaits.

de la terre ne peut nourrir que lui et ses *compagnons Agriculteurs* qui font partie de ses frais : dès que la valeur vénale de la denrée lui donne le moyen de faire un petit revenu capable de fournir à la subsistance d'un seul Propriétaire, tout d'un coup l'argent de ce revenu qui ne paraît suffisant que pour un seul homme, (étant dépensé par cet homme, qui ne peut ni le manger ni s'en habiller en nature,) en fait vivre deux ; sçavoir le propriétaire, et un de ces Travailleurs que j'ai appellé les *hommes possédans bras*, lequel a été employé pour la fabrication, [81] le transport, la revente et des vêtemens et ustenciles consommés par le Propriétaire [1]. Mais si le revenu augmente, la dépense du Propriétaire devient plus forte, le prix des salaires plus haut, d'où suit une aisance universelle, c'est-à-dire, une consommation généralement plus considérable ; cette consommation comme tout le monde sçait, (et comme nous l'avons observé plus d'une fois, cette consommation a deux branches ; l'une alimentaire, et celle-la nécéssite l'accroissement de l'agriculture, auquel est alors attaché celui du revenu ; l'autre *vestiaire* et de commodité, et celle-ci employant plus de bras, lesquels sont tous payés par le moyen du revenu, entraîne un accroissement de population qui entretient celui [82] de la culture et le débit de la denrée.

O hommes ! ô Français ! ne vous inquiétez point de sçavoir qui mangera vos bleds quand vous serez devenus riches ; ce sera vous, ce seront vos voisins, vos neveux, vos enfans ; vos enfans que vous ne refuserez plus à la nature, et que vous offrirez à la Patrie, quand elle pourra leur faire un sort ; vos enfans, que vous n'immolerez plus avant leur naissance à l'ennui de votre misére et à la crainte de la leur.

---

1. Quand je dis, *et un Travailleur*, les gens de bon sens comprennent bien que je n'ai pas intention de dire que ce Propriétaire n'a fait travailler qu'un seul homme, et l'a occupé entièrement : mais je prends la chose dans le résultat : en effet, que je fournisse à vingt hommes, à chacun un vingtiéme de sa dépense, ou à un seul homme toute sa dépense, cela revient au même.

|83| ## CHAPITRE X.

OPINION passée sous silence. Avantage de la liberté de l'Exportation et de l'Inportation des Grains, relativement à notre Commerce extérieur.

Nous avons répondu, presque malgré nous, aux principales objections qui se sont rencontrées dans notre chemin ; mais nous n'avons nulle envie de ressembler à ce Voyageur qui avait entrepris de tuer toutes les grenouilles qui l'étourdissaient en passant. Nous épargnerons donc à nos Lecteurs l'ennui de voir prolonger ces discussions, où le triomphe trop facile ne laisse pas même le plaisir du combat. C'est pourquoi nous passerons sous silence l'opinion de ceux qui voudraient *que l'on accordât des permissions passagéres, ou particuliéres à de certaines Provinces dans les années abondantes ; et que l'on retirât ces permissions dans les tems de stérilité.* Comme si la balance des [84] récoltes pouvait être entre les mains du Gouvernement, qui lui-même ne peut voir les récoltes que par les yeux d'autrui ; comme si une permission passagére pouvait jamais être donnée à tems, vû que, quand la nécessité de la donner se fait sentir à ceux qui en ont le pouvoir, le mal est fait et sans reméde ; comme si une permission passagére avait la moindre analogie avec un commerce libre ; comme si une permission passagére pouvait procurer la participation au *prix commun du marché général* ; comme si les *Blâtiers* de l'Europe osaient s'hazarder sur une permission passagére et révocable, qui peut tout-à-coup arrêter leur fortune entre deux guichets ; comme si une permission passagére n'était pas le meilleur moyen possible pour éffruiter le Royaume à très-bas prix et sans retour ; comme si une permission passagére n'était pas destructive de l'envie de faire des magazins, de la liberté du débit desquels rien ne répond ; comme s'il fallait fermer la porte aux [85] secours des Étrangers précisément lorsqu'on en a besoin ; comme si les Étrangers pouvaient être d'humeur à envoyer leurs bleds dans un pays d'où ils ne seraient plus les maîtres de les retirer en cas que le débit n'en ait pas eu lieu ; comme si la permission générale et irrévocable d'exporter pouvait jamais être dangereuse ; comme s'il était à craindre que les autres peuples viennent acheter notre bled quand nous en manquons, c'est-à-dire, quand il est plus cher chez nous que chez eux ; comme si le projet de nous affamer, dont on a bercé des têtes frivoles, pouvait être formé de concert par tous les peuples de l'Europe à la fois ; comme si toutes les autres Nations *Granicoles*, nos concurrentes qui n'ont point de revenus sans le débit de leurs grains, n'étaient pas bien plus pressées de les vendre que d'acheter ceux d'autrui ; comme si une somme de plus de 700 millions qu'il faudrait pour cela, se trouvait facilement dans la poche de quelques Négocians ; comme si dans le [86] cas où il se rencontrerait un peuple assez peu sensé pour tenter cette ridicule et dangereuse entreprise, il ne serait pas bien-tôt obligé de nous revendre nos propres grains à perte, vû que nous n'en aurions que faire, et serions secourus par toutes les Nations ; comme si nos grains en changeant de Propriétaires changeaient de lieu, et comme si les magazins ne s'en feraient pas chez nous-mêmes ; enfin, comme si celui qui achetera nos bleds dix-huit francs le septier, et fera tripler nos revenus, n'était pas notre meilleur ami, quelque fût son nom, Pierre ou Jean, Etranger ou Regnicole, Anglais, Hollandais, Français, Turc ou Chinois, si l'on veut [1].

[87] Négligeant donc cette opinion, et toutes les objéctions à qui elle a pû servir de fondement ; nous passerons à l'éxamen des avantages que notre Commerce extérieur trouvera dans la liberté de l'exportation et de l'inportation de nos Grains.

J'y en remarque trois au premier coup d'œil.

---

1. Il est difficile de ne pas rire, quand on écoute les propos sérieux que débitent un millier de trembleurs, qui après avoir entendu toutes vos raisons, reviennent encore à dire, oûi..... mais...... *si les Étrangers, si les riches vont tout enlever, ils revendront au prix qui leur plaira : le bled renchérira par-tout, et la disette.........* .... Eh, qu'ils enlevent ! que le bled renchérisse ! croyez-vous qu'avec la concurrence de tous les Vendeurs de Grains de l'Europe, leurs manœuvres puissent jamais faire monter le bled jusqu'à 45 liv. le septier ? *Oh non....* Eh bien, tranquillisez-vous ; car comme vous achetez aujourd'hui le septier 15 liv.... avec le revenu que vous avez dans le temps de liberté que triplera vos revenus (ce dont vous ne disconviendrez plus, si vous avez compté) tantque vous consommateur ne payerez pas le bled 45 liv le septier, il y aura du bénéfice pour vous, et une diminution relative dans le prix du pain.

Le premier tient à la nature de la chose ; c'est le bénéfice que nous trouverons à vendre à l'Etranger les denrées de notre crû, par préférence à nos marchandises de main-d'œuvre.

En effet personne ne contestera, sans doute, que le Commerce le plus propre [88] à enrichir la Nation ne soit celui qui sera le plus considérable, qui à sommes égales donnera le plus grand *produit net*, et dont le débit sera le plus assuré. Toutes ces conditions se rencontrent dans le Commerce des Grains.

1°. Ce Commerce sera le plus considérable de tous ceux que nous pouvons faire ; car on convient généralement que nous pouvons entrer, l'un portant l'autre, pour deux à trois millions de septiers par an, dans la vente de grains qui se fait en Europe. Comptons deux millions et demi, ces deux millions et demi de septiers à 18 livres chacun (comme ce sera le prix de liberté) vaudront quarante-cinq millions de livres ; et je demande quelle est la Manufacture qui exporte pour une pareille somme [1] ?

[89] 2°. De ces 45 millions, il y en aura au moins 14 millions en *produit net* ou *revenu annuel* ; (comme on le voit par la table du Chapitre II) et je demande encore quelle est la Manufacture, qui en défalquant la somme qui doit rembourser les avances de la matiere premiere ; plus, en soustrayant tous les salaires d'ouvriers, et les dépenses de bâtimens, instrumens, outils, etc. donne tous les ans 14 millions de bénéfice aux Entrepreneurs ?

[90] 3°. De ces 14 millions de *produit net*, le Roi en recevra tous les ans 4 millions directement, pour sa portion dans le revenu ; et je demande encore quelle est la Manufacture qui rapporte 4 millions clairs et nets au Trésor Royal tous les ans ?

4°. Le débit de nos Grains est immanquable, parce qu'il a pour

---

1. Nous sentons combien le petit objet dont nous parlons ici est peu intéressant, en comparaison des grands avantages que procurera la pleine liberté du Commerce extérieur, en assurant à nos Grains le prix constant qui a cours entre les Nations commerçantes ; et nous n'aurions pas relevé une chose d'une si faible conséquence, si l'on ne nous avait longtems entretenu avec une emphase insidieuse d'autres bagatelles d'une bien moindre conséquence encore.

Savary, ce Mercier célèbre, qu'on appelait jadis un Négociant, qui ôsait faire imprimer sans rougir que *la Manufacture la plus noble était celle des étoffes d'or et d'argent*, qui l'avait persuadé à son siécle, et presqu'au nôtre, Savary rapporte qu'il se fabrique à Lyon pour 17 millions d'étoffes, y compris le bénéfice des Marchands Revendeurs. Il dit que pour faire ces étoffes, on employe environ onze millions de matieres premieres (tant soye qu'or et argent) tirées de l'étranger ; et que quand le Commerce fleurit, les Etrangers achétent environ le tiers de ces étoffes.

base la nécéssité de manger à laquelle tous les hommes de l'Univers sont assujettis, et pour conservatrice la fertilité de notre terroir que personne ne peut nous enlever; et je demande encore si nous sommes certains que les Nations étrangeres conscrveront aussi longtemps le goût de nos étoffes, de nos babioles et de nos colifichets, que l'appétit qui leur suffit pour consommer nos denrées alimentaires? je demande si nous pouvons répondre de la constance de nos Artistes à demeurer parmi nous, comme de l'immobilité de nos champs? Et pendant que je faisais cette question, l'expérience voyait la [91] Grande-Bretagne en posséssion de l'acier et des cristaux que nous fournissions à l'Europe dans le siecle dernier, et Berlin faisant des Etoffes de soye capables de le disputer à Lyon.

Passons au second avantage que notre Commerce extérieur trouvera dans la liberté absolue de celui des Grains.

 # CHAPITRE XI.

LA liberté extérieure du Commerce des Grains, nous donnera le moyen de multiplier nos achats à l'Etranger.

Nous avons dit ailleurs, nous avons dit plus haut, et nous le répéterons sans cesse, parce que les vrais principes du Commerce sont bons à rappeller dans ce siecle-ci, que tout négoce supposait équilibre, balance de ventes et d'achats ; que ceux qui voulaient vendre et ne point acheter, n'y entendaient rien ; et que très-heureusement pour eux la chose était impossible, car sans cela ils se ruineraient en voulant ruiner les autres.

Nous disons, par une conséquence du même principe, qu'il est très-avantageux d'acheter beaucoup à l'Etranger, parce que c'est le moyen de s'enrichir en l'enrichissant. Tout ce que l'on vend consiste en denrées ou marchandises qui seraient [93] superflues si l'on n'en faisait cet usage, et qui nous procurent le moyen d'acheter d'autres choses qui satisfont à nos besoins réels ou de commodité. Or pour avoir la faculté de nous pourvoir d'une grande quantité de choses, il faut ou que nous en ayons beaucoup à vendre, ou que les notres ayent beaucoup de valeur, le plus haut dégré de valeur possible ; et c'est encore une des conditions de la liberté du Commerce des Grains : il augmentera le prix des nôtres, c'est-à-dire, qu'il nous donnera le moyen d'avoir, avec une quantité égale de grains, un plus grand nombre de choses à notre utilité ou fantaisie. Pour me servir d'un exemple connu [1], je suppose que nous achetions aux Hollandais une mesure de poivre du prix de vingt livres, il nous faudra, pour payer ce poivre, la valeur de deux septiers de bled, si notre bled ne se vend que 10 liv. le septier ; mais si nous pouvions faire [94] monter notre grain jusqu'à 20 livres, alors il ne nous faudrait plus que la valeur d'un septier pour acheter la même quantité de poivre. Il y a donc un grand avantage de notre côté dans l'accroissement du prix de notre denrée, sans que pour cela il y ait de la perte du côté de l'étranger qui reçoit la même valeur de sa marchandise.

---

1. Voyez la *Philosophie Rurale.*

95] ## CHAPITRE XII.

AUTRE avantage dans la liberté du Commerce extérieur des Grains, lequel nous devons à la position de notre pays.

La Société royale d'Agriculture de Bretagne a supérieurement dévelopé cet avantage dans ses Mémoires de l'année 1759 et 1760: nous ne présenterons ici qu'un extrait de sa démonstration.

Les Pays du Nord sont le principal grenier de l'Europe ; c'est-là que nous prenons nos grains quand nous nous trouvons dans des années de disette; c'est-là que les Hollandais puisent les leurs, qu'ils réexportent ensuite en Espagne, en Portugal et en Italie. Aucun Pays n'est placé plus avantageusement pour fournir ces trois Etats que la France, les mers du Nord n'étant pas libres, et celles de Hollande très-dangereuses dans de certains tems de l'année: il est donc plus que vraisemblable que si nous avions la liberté [96] de l'exportation et de l'inportation, les Peuples du Nord avec qui nous faisons un grand commerce en vins et eaux-de-vie, fréteraient en retour nos vaisseaux en grains ; et feraient leurs magasins chez nous, pour être plus à portée de faire transporter au premier signal de besoin, dans le Pays où il se ferait sentir. D'un côté nous gagnerions à cette opération (nécéssaire et commode aux Propriétaires de la denrée) les frais de magasinage, de remuage, et partie de ceux de transport, ce qui ferait un bénéfice réel et considérable, sinon pour notre Commerce, du moins pour nos Commerçans [1]; et [97]

---

1. On a trop long-tems confondu l'intérêt du Commerce d'une Nation avec celui des Commerçans de la même Nation; un Commerçant est par lui-même un homme fort utile, mais c'est un homme indépendant, libre, et qui n'appartient à aucun pays ; qui ne procure par son séjour dans un état agricole d'autre profit à cet Etat que celui de la consommation ; profit illusoire; car en supposant la liberté du Commerce, il eût fait la même consommation au profit de l'état agricole hors de son territoire comme dessus Il faut donc se déshabituer du préjugé en faveur des Commerçans *Regnicoles*, ou soit-disant tels. Chacun le sent par soi-même, le meilleur Commerçant pour notre avantage sera toujours celui qui vendra le meilleur marché, et qui achétera le plus cher. Or nous ne pouvons trouver ce Commerçant que dans la concurrence libre et entiere de tous les Peuples de l'Univers. Un Négociant regnicole favorisé (préférablement à l'Etranger) n'est autre chose qu'un monopoleur autorisé.

de l'autre côté nous aurions une ressource de plus en cas de disette, parce que du moment où le débit serait avantageux chez nous, les *Dépositeurs* s'empresseraient de nous vendre avec d'autant plus de plaisir, qu'ils y gagneraient les frais d'un nouveau transport. Ce dernier avantage ne mérite pas une grande considération, car il n'est nullement vraisemblable qu'une nation *Granicole* puisse jamais en avoir besoin. La liberté du Commerce qui donnant à nos Grains le *prix commun du Marché général*, assurerait aux Propriétaires des revenus, et aux Laboureurs la rentrée de leurs avances, préviendrait à jamais la disette. Toutes [98] nos terres seraient cultivées, toutes le seraient avec les dépenses convenables, et alors une mauvaise récolte chez nous serait une espèce de miracle.

[99]   # CHAPITRE XIII

CONCLUSION.

Que l'on contredise, ou que l'on approuve ; que des Adversaires s'élevent et repliquent, ou que tout garde un profond silence ; il n'en sera pas moins vrai que, puisque la liberté de l'exportation et de l'inportation de Grains fournira aussi une grande matiere à ce commerce d'entrepôt dont nous avons jadis été si jaloux, puisqu'elle nous donnera le moyen de multiplier nos achats à l'Etranger, puisqu'elle établira chez nous le plus avantageux des Commerces, puisqu'elle amenera une diminution relative à nos facultés dans le prix des denrées, puisqu'elle nous répondra de ne jamais manger le pain plus cher que les autres Nations, puisqu'elle assurera de l'ouvrage à tous ceux qui n'en ont point, puisqu'elle augmentera les salaires du pauvre peuple, puisqu'elle procurera partout l'accroisse[100]ment de l'Agriculture et l'abondance qui en est la suite, puisqu'elle triplera tous les revenus, la puissance de l'Etat et l'aisance des Particuliers ; il n'en sera pas moins vrai, dis-je, que cette liberté générale, absolue et irrévocable, sera toujours le premier pas de toute administration prospére ; et qu'en elle consiste principalement le systême regénérateur, la vraie *richesse de l'Etat*, la grande et la belle opération de finance.

La liberté du Commerce des Grains nous assurera la participation *au prix commun du marché général*, c'est-à-dire, à un prix constamment avantageux ; par elle nous traiterons en freres tous les autres peuples, et nous partagerons leurs biens ; par elle la richesse qui naîtra des mains des Fermiers viendra se répandre sur la Société, tous les produits s'accroîtront rapidement, tout le monde en partagera le bénéfice ; les revenus de l'Etat s'augmenteront de jour en jour, et ils ne craindront plus de dessécher leur source ; [101] le Commerce multipliera tous les rapports, parce qu'alors seulement il commencera à éxister dans ses véritables proportions : la *Clâsse* industrieuse ou *stérile* aura un fond d'avances renaissantes [1] et assurées, parce qu'alors elles ne seront plus composées des débris de leur origine ; tous ces éffets naturels de la liberté n'ont point échappé à la bonté du Prince, à ses lumieres et à celles de ses Ministres : c'est à ces avantages frappans que nous devons l'utile Déclaration enregistrée dans toutes les Cours Souveraines pour permettre la liberté du Commerce intérieur ; Déclaration d'autant plus précieuse à nos yeux qu'elle était devenue indispensable, et qu'en nous assurant un bien réel, elle est en quelque façon l'annonce d'un bien infiniment plus grand, sur lequel nous comptons, que nous ôsons espérer de notre amour pour le Roi, et plus encore de sa tendresse pour nous.

[102] Il viendra un tems où la prohibition sera ensevelie sous les voiles de l'oubli ; les siécles futurs auront peine à se persuader qu'il fut un Pays où des familles indigentes maudissaient les présents du Ciel, où les larmes du Laboureur se mêlaient à la pluie qui fertilisait ses champs ; nos descendans rougiraient d'avouer nos erreurs qu'ils ne pourront comprendre, et démentiront l'Histoire par respect pour leurs Ayeux.

---

1. Voyez le *Tableau œconomique* et la *Philosophie rurale*.

[103]

RESUMÉ

Comme pour bien saisir une vérité, il faut l'envisager en raccourci et d'un coup d'œil, nous terminerons ce Mémoire par un Résumé de celles qui y sont contenues.

Il ne peut y avoir d'effet sans cause, et par conséquent de culture sans les dépenses nécéssaires pour l'entretenir. De ces dépenses il y en a qu'il faut recommencer tous les ans ; on les appelle *avances annuelles*. Les autres ne se font qu'une fois avant la premiere récolte ; on les nomme *avances primitives*. Il faut que le Cultivateur en retire les intérêts, parce qu'elles sont dépérissables, et encore parce que s'il ne retirait pas ces intérêts qui lui font un petit corps de réserve, il ne pourrait faire face aux conditions de son bail dans les mauvaises années. Les avances annuelles et les [104] intérêts des fonds dépensés avant la premiere récolte, sont donc ce qu'on appelle les *reprises* du Laboureur, et ce qui constitue les frais de la culture.

Si la récolte ne rendait au Laboureur que ses frais, il est clair que personne ne vivrait sur le bénéfice : or comme un Etat ne peut être composé simplement de Cultivateurs, et que ceux qui ne le sont point ne peuvent pas vivre sur les *reprises* du Laboureur, qui constituent les frais de la culture, à laquelle ils ne travaillent point ; il faut nécéssairement qu'il y ait un *produit net*, qui ne se doive à personne, et qui soit le patrimoine de la Société. Plus ce *produit net* qui se partage entre les Propriétaires des terres, l'État et les Décimateurs sera grand, et plus chacun vivra à l'aise, et pourra satisfaire à tous ses besoins. Il est sensible que ce *produit net* tient à la valeur de la récolte ; car plus la récolte aura de valeur, plus les frais prélevés, le reste sera considérable. Une Table [1] qui n'est que l'expréssion historique du fait, montre [105] quelles sont les proportions diverses du *produit net* ou *revenu* aux *reprises*, sui-

Chap. premier.

Chap. II.

---

1. Voyez cette table, pag. 6 [13].

vant les différens prix des bleds ; on y voit que lorsque le septier de bled, mesure de Paris, ne vaut que 12 liv. une charrue montée selon la plus grande et la plus forte culture, ne peut rapporter que 272 liv. de revenu ; que lorsque le bled vaut 15 liv. le septier, la même charrue donne un revenu de 913 liv. et un de 1,500 liv. quand le bled vaut 18 liv. etc.

Il y a deux observations à faire sur cette Table ; la premiere qu'elle est construite d'après le fait actuel, c'est-à-dire dans *la supposition de l'éxistence des charges indirectes* que supportent les avances de la culture et qui retombent *au double sur le revenu* ; sans cette considération la Table présenterait un rapport bien plus avantageux, et à 18 liv. le septier, le *revenu* serait 2,000 liv. et non pas 1,500 liv.

La deuxième observation est qu'il s'agit dans cette Table du *prix commun du Vendeur* des grains, qui dans un pays [106] de liberté différe très-peu de celui des marchés, parce qu'il est peu sujet à variation ; mais dans un pays qui prétend ne commercer qu'avec lui-même, les variations sont telles que le Laboureur ayant dans les années abondantes débité un grand nombre de septiers à très-bon marché, et dans les années de disette un petit nombre de septiers fort cher ; il a vendu la totalité de ses grains à un *prix commun* fort au-dessous de celui de l'Acheteur consommateur, qui a tous les ans mangé un nombre égal de septiers, tantôt chers, et tantôt à bon marché.

Un calcul connu, (mais que le changement des choses oblige de faire sur des données différentes de celles qui ont déja été offertes au Public) prouve que dans un pays de prohibition, où le bled vaudrait, prix commun, 15 liv. le septier pour les Consommateurs, il ne serait vendu que 13 liv. 10 s. par les Laboureurs.

En prenant cette supposition de 13 liv. 10 s. le septier, *prix commun du Vendeur*, [107] pour notre histoire, ce qui serait la faire en beau, il s'ensuivrait que chez nous la reproduction totale d'une charrue dans la meilleure culture, vaudrait 3,600 liv. dont 600 liv. de *produit net* ou revenu. La dixme qui se leve ordinairement au douzieme, enleverait 300 liv. il resterait 300 liv. à partager entre le Propriétaire et l'impôt.

Notre situation présente ainsi statuée, il s'agit de sçavoir quelle différence y causera la liberté absolue et irrévocable du commerce extérieur des grains.

De la liberté genérale et absolue du Commerce, il résulte un *prix commun* entre tous les peuples qui en jouissent. Ce *prix commun* est uniforme, sur-tout par rapport à une denrée comme le grain, que l'on cultive dans tous les pays, parce que la masse totale en est toujours à peu-près la même, et que la récolte ne manquant jamais par-tout et toujours quelque part, il arrive seulement que celui qui vend aujourd'hui achétera demain ; uni[108]forme encore, parce que les magasins, fruits de la liberte du Commerce, empêchent toujours la disette, et égalisent le sort des bonnes et des mauvaises années.

Avant l'invention du système prohibitif, le septier de bled se donnait pour le tiers du marc d'argent, ou environ 18 liv. de notre monnoye.

Les Anglais le vendent actuellement près de 22 liv. prix commun dans les marchés de l'Europe ; il y a donc lieu de croire, et de fortes raisons prouvent que notre concurrence ne peut pas faire baisser le *prix commun du marché général* au-dessous de 18 liv. c'est-à-dire que les plus grandes variations seraient chez nous de 16 à 20 liv. comme elles sont en Angleterre aujourd'hui de 20 à 24 liv. Un calcul fait voir que dans ce cas, le *prix commun du Vendeur* des grains, serait 17 liv. 12 s. et ne différerait que de 8 s. du *prix commun du marché général*, les baux et l'impôt territorial hausseraient de [109] droit, proportionnellement à l'accroissement du *produit net*, et l'on voit par la Table du Chapitre 2. que le *produit net* d'une charrue serait alors de 1,425 liv. qui n'est au plus aujourd'hui que de 600 liv.

Si l'admission du *prix commun du marché général* fait monter à 1,425 liv. le *produit net* d'une charrue, évalué à présent à 600 liv. cet éffet répandu sur toutes les charrues du Royaume, qui donnent aujourd'hui un *produit net* d'environ 164 millions, sur lesquels le revenu du Roi ne pourrait être que de 47 millions au plus, et n'est dans le vrai que de 38 millions (parce que la dixme, qui, comme toute autre impôsition, devrait être proportionnelle au revenu, ne l'est cependant pas, et emporte près d'un tiers du *produit net* au détriment du révenu Royal, et de celui des Propriétaires ;) cet éffet, dis-je, porterait sans aucun accroissement de culture le revenu de la nôtre en grains, à 389 millions 500 [110] mille livres, et la quote-part de l'Etat deviendrait d'elle-même 111,000,000 liv. de revenu sur les grains seulement. Mais il y a encore autre chose à considérer ; cet immense accroissement de produit net ne changera rien aux conventions déja contractées, et les baux actuels subsisteront jusqu'à leur échéance ; ces baux sont de 9 ans en France ; il en finit donc un neuvieme tous les ans ; c'est-à-dire que durant la premiere année de l.berté il rentrera aux Propriétaires et à l'impôt, un neuviéme de l'accroissement du *produit net* ; dans la seconde année deux neuviemes, et ainsi jusqu'à la neuviéme année, que toute l'augmentation du revenu sera passée en entier aux trois Propriétaires du revenu des biens-fonds ; sçavoir le Possesseur même de la terre, l'Etat et les Décimateurs ; on voit de-là que pendant le cours des baux les Cultivateurs ont partagé avec les Propriétaires l'accroissement du *produit net*. Mais ce bénéfice passé entre les mains des Agriculteurs, ne [111] sera nullement perdu pour la Nation ; ils le reverseront sur la terre, par une augmentation de travaux et de dépenses qui multiplieront les salaires des ouvriers ; ils étendront leurs entreprises, amélioreront leur culture et en tireront de nouveaux *produits nets*, dont la racine, c'est-à-dire les richesses meres et productives, n'éxiste pas même aujourd'hui.

Un Tableau [1] construit avec la plus grande attention, exprime la marche de cet accroissement de culture et de revenu. Ce Tableau, où tout est porté bas, est fait dans la supposition que la liberté du commerce extérieur des grains ne produira d'abord qu'environ la moitié du bien que l'on en espére, et qu'il faille six ans pour établir en France ce Commerce dans tous ses avantages.

On voit par ce Tableau qu'un revenu de 600 liv. faisant environ la 273 milliéme partie de la culture en grains du Royaume, évaluée aujourd'hui à 164 millons de *produit net*, étant au bout de 9 années, [112] porté à 1,907 liv. le revenu total de cette même culture serait alors de 536 millions, dont le Roi jouissant des deux septiemes aurait tous les ans 153 millions à recevoir sur les seuls produits de la charrue.

Ce n'est pas là tout ; un accroissement de richesses nationales, ne faisant autre chose que fournir à chacun le moyen de faire une plus grande dépense, et de se pourvoir plus facilement de vin, de viande, de bois, etc. excitera une plus forte consommation de toutes ces denrées, d'où naîtra une augmentation de valeur vénale, parce qu'une marchandise renchérit toujours en raison de la quan-

---

1. Voyez ce tableau pag. 21 [46].

tité des Acheteurs, [1] mais une augmen[113]lation de va·eur vénale
sur toutes ces denrées, ne produirait pas un éffet différent de celui
que nous venons d'en voir naître, par rapport aux grains ; toute
culture a ses *réprises* ou frais indispensables, et son *produit net* ;
en haussant le prix de la denrée, on augmente un peu les *reprises*,
et beaucoup le *produit net* ; cela est général sur quoi que ce soit.
On estime que le revenu de ces autres genres de biens, évalué aujourd'hui à 214 millions, serait au moins doublé par l'influence de
la richesse, fruit de la liberté du commerce extérieur des grains. Les
revenus de la Nation seraient donc en neuf ans montés à un milliard
vingt-quatre millions, qui donneraient au Roi un revenu direct
d'environ 300 millions, levés presque sans frais. Il est à remarquer
que, comme on l'a déjà dit, tous [114] ces calculs sont, en supposant la continuité des charges indirectes, auxquelles la nécéssité
des circonstances a forcé le Gouvernement ; mais à mesure que les
revenus directs augmenteraient, cette nécéssité diminuerait ; ce qui
donnerait matiere à un tout autre calcul, dont le résultat serait
environ 2 milliards de revenu pour la Nation, et plus de 500 millions pour le Roi.

Ces notions élémentaires suffisent pour faire concevoir les progrès rapides du rétablissement du Royaume, sous l'administration
de M. de Sully.

Mais disent les Contradicteurs, *tous ces calculs ne sont fondés
que sur le renchérissement du pain ; pour peu que le pain augmente le peuple ne pourra y atteindre, au lieu que la prohibition
entretient l'abondance dans le Royanme, ce qui soutient le bas
prix plus à la portée des pauvres gens.*

Cette objéction est composée de quatre faussetés.

[115] 1°. Nos calculs sont fondés autant sur le peu de variation
du prix des bleds, que sur leur renchérissement, et la valeur est
telle aujourd'hui, qu'il y a 30 s. de perte pour les revenus de la
Nation sur chaque septier de bled, sans aucun profit pour l'Acheteur consommateur.

CHAP.
VII.

---

1. D'ailleurs on se conforme toujours dans l'emploi des terres sur le débit et
le prix des productions ; on s'étend du côté de celles qui sont les plus profi-
tables, on restraint la culture des autres, ce qui augmente leur prix ; ainsi la
compensation des prix s'établit et se régle sur les productions du territoire,
selon cet ordre naturel indiqué par l'intérêt même. La production la plus
chère devient toujours la plus abondante ; *cherté foisonne.* Le débit et le
haut prix constant du bled procurés par la pleine liberté du Commerce, sont
donc des préservatifs assurés contre la disétte.

2°. La prohibition n'est nullement propre à entretenir l'abondance dans le Royaume ; au contraire rien n'encourage une forte culture comme un bon débit, et l'Angleterre qui n'avait pas de récoltes suffisantes, avant qu'elle eut favorisé par des récompenses l'exportation des grains, en a de surabondantes aujourd'hui. Il est de la nature de la prohibition d'amener la disette, et c'est ce que l'on montre par l'exposition du fait.

3°. La prohibition n'entretient pas plus le bas prix qu'elle ne fait l'abondance ; la prohibition cause les variations excessives des prix, et les variations sont bien plus nuisibles à la subsistance des peuples que la cherté constante ; chacun arrangeant [116] à peu-près sa dépense sur son gain, si la valeur des denrées hausse tout à coup, les combinaisons des pauvres gens se trouvent anéanties, et il est alors de nécéssité que la misére devienne générale ; car dans les chertés subites et imprévues, (telles qu'elles le sont toutes dans un pays fermé par prohibitions) il ne peut plus y avoir de proportion entre les salaires et les dépenses alimentaires des ouvriers.

4°. Que le bas prix soit plus à la portée des pauvres, cela est encore faux. Les pauvres comme les riches ne peuvent avoir aucune denrée sans l'acheter, ne peuvent acheter sans argent, ne peuvent avoir d'argent que par leur travail, (dont le salaire est toûjours proportionné au prix des productions alimentaires,) et les Pauvres ne peuvent trouver de travail, si les Riches n'ont pas de revenus pour le payer ; quand une Nation a de grands revenus, ils se répartissent proportionnellement aux différents états des Citoyens, parce que les Riches en jouissent, c'est [117] à-dire, le dépensent ; car le revenu n'est bon que pour en jouir : et un homme ne peut rien dépenser dans la Société qu'au profit des autres. Toute soustraction faite, il ne reste à l'homme le plus riche de ses immenses revenus, que sa consommation personnelle et la prérogative du choix selon ses goûts : en quoi il diffère peu de ceux dont il paye les travaux ou les services.

Il n'y a que le calcul qui puisse nous faire comprendre combien un écu de plus sur le prix du septier de bled ferait circuler de centaines de millions de plus dans le Royaume. Mais pour tous ceux qui sont capables de sentir et d'embrasser les calculs, il est clair, que plus il y aura de revenus, plus il y aura de rétributions et de salaires pour les différentes classes de Citoyens ; plus il y aura de consommation et de débit pour toutes les différentes productions du territoire ; plus les richesses et la circulation se multiplieront dans les Villes, par les dépenses des grands pro[**118**]priétaires qui y résident; plus l'Industrie, les Manufactures, le Commerce prospéreront; plus il y aura de travail et d'aisance pour l'ouvrier journalier, et de secours pour l'infirme et l'indigent ; plus il y aura de sûreté et de facilité pour les payemens des Créanciers et des Rentiers ; ainsi quoi qu'alors le pain soit un peu plus cher, il sera infiniment plus à la portée du Peuple ; car tout ce peuple aura de l'argent, parce qu'il aura un salaire proportionné au renchérissement de sa dépense.

Il y a des gens qui ne comptent point, mais qui parlent. Ces gens diront peut-être, *quel profit peut-on retirer du renchérissement des bleds, si ce renchérissement augmente le prix des salaires et par conséquent celui de tous les travaux des hommes, les frais de culture même par le haussement du prix de la nourriture des Cultivateurs? Nous ne gagnerons rien à l'augmentation de nos revenus, parce que nos denrées prenant un accroissement proportionnel de valeur, tout reviendra au même.*

[**119**] En accordant ce raisonnement, il faut convenir d'un fait ; c'est que, lorsque le septier de bled ne vaut prix commun que onze livres, le Laboureur ne retire que ses frais, et ne peut payer aucun revenu. La preuve de ce fait est la décision même du Laboureur, car pour avoir du revenu, il faut qu'il veuille et puisse en payer. Il suit de-là, que par le raisonnement des contradicteurs, jamais le Laboureur ne pourra payer de revenus ; si le prix de ses denrées hausse d'un sixiéme, les frais de culture, selon cette hypothèse, augmenteront aussi d'un sixiéme : ainsi jamais d'excédent par de-là les frais pour payer le fermage et la taille ; les Fermiers cependant payent des revenus à raison du prix des bleds, ou laissent les terres en friche [1].

Si l'on applique l'argument *aux Pro*[**120**]*priétaires eux-mêmes, qui recevant plus de revenu, et payant tout plus cher, sont bornés à la même quantité d'achats que dans le cas où ils auroient moins de revenu et tout à meilleur marché;* la difficulté subsiste. Car en suivant le raisonnement, lorsque le septier de bled ne vaudra

CHAP.
VIII.

---

1. Ce qui réduit alors le propriétaire à faire lui-même les avances, et qui établit ainsi la *petite culture*, qui peut subsister sans profit pour la Nation, tant qu'elle rend les frais.

que onze livres, et que d'après la décision du Laboureur, le Roi ni les Propriétaires des terres, n'auront aucun revenu, ils pourront néanmoins payer aussi-bien, et faire les mêmes achats, le débit des denrées, les salaires, les arrérages des rentes seront également assurés. C'est ainsi que l'on s'enferre, quand sur des matieres de calcul on veut décider, et ne point calculer ; il est à croire que nos adversaires se dégoûteront de cette méthode ; ceux qui n'en sont pas incapables compteront, et dès qu'ils voudront réfléchir, ils sentiront que plus les bleds seront à haut prix, et plus la Nation sera riche, et plus le Roi et les Propriétaires pourront dépenser au profit de tous. Ils verront que tous [121] les gens non Cultivateurs vivent sur le revenu ; ils reconnaîtront que si ce revenu (qui comprend la richesse publique et toutes les fortunes particulieres) est triplé, tandis que le prix du pain ne sera augmenté que d'un sixième, cette augmentation qui les éffraye sera une diminution relative très-considérable. Ils concevront que si la quote-part d'un pere de famille est l'un portant l'autre vingt sols par jour, quand le pain vaut 15 deniers, ou cinq liards la livre. Lorsque ce même pere de famille payera le pain dix-huit deniers ou six liards, et qu'il recevra 3 liv. par jour, ou telle autre augmentation de salaire proportionnelle au renchérissement de sa dépense, et encore à l'augmentation des revenus, il n'aura garde de se plaindre.

D'autres gens se sont imaginés qu'il n'y avait pas de bon sens à compter sur un accroissement de réproduction et de revenu, *si l'on vous croyait*, disent-ils, *nous regorgerions bientôt de denrées de notre crû que nous ne sçaurions où vendre :* [122] *nous n'en pouvons débiter que tant en Espagne, tant en Italie, tant dans tel autre endroit; votre entreprise périra faute de débit*, etc. etc. etc.

Cette objéction, quoiqu'imprimée [1], n'en est pas plus solide. Quand on jette du pain dans un endroit, les moineaux s'y rassemblent ; les hommes courent après les salaires, comme les oiseaux après la pâture, *et la mesure de la subsistance sera toujours celle de la population.* Dans un Pays riche, et qui a des revenus, on ne peut jamais éprouver la misere de l'abondance, l'aisance universelle y amene et y crée de nouveaux consommateurs, qui contribuant à entretenir le bon prix de la denrée, assurent par-là même le revenu qui les met dans le cas de la payer. Il ne faut donc

---

1. Dans le Consolateur.

pas s'inquiéter pour sçavoir qui mangera nos bleds, quand nous serons devenus riches ; ce sera nous, ce seront nos voisins, notre posterité, la leur.

[123] Quoique nous ayons répondu aux principales objéctions qui se sont rencontrées dans notre chemin, notre intention n'est pas d'ennuyer toujours le Lecteur par ces discussions trop peu équivoques ; c'est pourquoi nous passerons sous silence l'opinion de ceux qui voudraient que l'on *accordât des permissions passagéres, ou particulieres à de certaines Provinces pour exporter dans les années abondantes, et que l'on retirât ces permissions dans les tems de stérilité.* Il est trop clair qu'une permission passagére accordée dans le tems de la non-valeur des Grains, ne prévient pas la perte que cause cette non-valeur ; le mal est déjà fait, et la permission n'y remédie pas ; car les Marchands de l'Europe n'ôsent se hazarder sur la foi d'une permission passagére, qui peut être révoquée le lendemain ; une telle permission ne peut donc pas nous faire participer *au prix commun du marché général* ; cette fausse et insidieuse ressource ne sert qu'à tromper l'attente du Laboureur. Il [124] est trop sensible encore qu'une permission générale, absolue et irrévocable doit toujours procurer les avantages que l'on en attend, et ne peut jamais être dan ereuse ; car les Etrangers ne viendront pas acheter nos Grains quand nous en manquons, c'est-à-dire, quand ils sont plus chers chez nous que chez eux, etc. etc.

Négligeant donc toutes les objéctions auxquelles cette opinion ridicule a pû servir de fondement ; nous terminerons cet écrit par un éxamen des avantages que le commerce extérieur de la Nation trouvera dans la liberté de l'Exportation et de l'Inportation des Grains. Il s'en présente trois au premier coup-d'œil.

Le premier est le bénéfice que nous trouverons à vendre à l'Etranger les denrées de notre crû, par préférence à nos marchandises de main d'œuvre.

On convient généralement que nous pouvons entrer, l'un portant l'autre, pour deux à trois millions de septiers tous les ans dans la vente de Grains qui se fait [125] en Europe. Mettons deux millions et demi. Ces deux millions et demi à 18 liv. le septier (ainsi que ce sera le prix commun de liberté) vaudront 45 millions de livres, sur lesquels il y aura 14 millions au moins de *produit net annuel,* et 4 millions au Roi en impôt direct pour sa portion dans le revenu, et l'on demande quelle est la Manufacture qui exporte pour

45 millions tous les ans ? Quelle est la Manufacture, qui, toutes avances de matieres premieres, tous salaires d'ouvriers, tous frais de bâtimens et machines déduits, donne annuellement 14 millions de bénéfice aux Entrepreneurs ? Quelle est la Manufacture dont les exportations rapportent tous les ans 4 millions clairs et nets au Trésor Royal ? On demande encore lequel des deux commerces est le moins précaire, et si nous pouvons garantir la constance de nos Artistes à demeurer chez nous comme l'immobilité de nos champs ? Londres et Berlin ont fait la réponse.

Chap.
XI. [126] Le second avantage pour notre commerce extérieur, est la faculté de multiplier nos achats à l'étranger : on ne peut acheter sans vendre, ni vendre sans acheter ; il faut nécéssairement faire l'un jusqu'à la concurrence de l'autre ; mais si l'on vend des choses de peu de valeur, il en faudra donner beaucoup pour avoir celles que l'on désire. Si au contraire les choses que l'on vend ont une grande valeur, avec une moindre quantité de choses on fera un plus grand commerce ; car la Nation alors pourra augmenter le nombre de ses achats, sans multiplier celui de ses ventes. Le haussement du prix de nos denrées est donc un grand bénéfice pour nous, et ce bénéfice ne causera aucune perte à l'étranger, qui recevra toujours la même valeur des marchandises qu'il nous aura vendues.

Chap.
XII. Le troisiéme avantage, qui a déja été développé dans les Mémoires de la Société Royale d'Agriculture de Bretagne, est dû à notre position qui nous met dans [127] le cas de servir d'entrepôt aux bleds du Nord pour le commerce d'Espagne et d'Italie : ce qui procurera à la Nation le profit des frais de garde et magasinage, et nous assurera une ressource de plus en cas de disette. Si tant est que la disette fût possible chez nous avec l'accroissement de notre Agriculture, et les magasins qui se formeront de toutes parts de notre propre denrée.

Chap.
XIII. On conclut que puisque la liberté du commerce extérieur des Grains triplera tous les revenus, la puissance de l'Etat, l'opulence des riches, les salaires des pauvres, puisqu'elle rendra la subsistance des Peuples plus aisée, puisqu'elle accroîtra l'Agriculture, la Population et le Commerce : c'est dans cette liberté indispensable que consiste principalement le système régénérateur, la vraie *Richesse de l'Etat*, la grande et la belle opération de Finances.

FIN

[128]   # AVERTISSEMENT

———

Dans un Ouvrage tel que celui-ci, qui embrassant la totalité des choses, devait avoir une marche suivie et serrée, il n'était pas possible de discuter toutes les opinions. Il y a des gens trembleurs qui conviennent des avantages immenses du libre Commerce des Grains, mais qui cependant insinuent qu'il n'est pas encore tems de donner la liberté extérieure à ce Commerce, et qui se forgent et s'exagèrent des inconvéniens.

Un d'entr'eux a fait imprimer dans la Gazette du Commerce[1] une Lettre qui expose toutes ses inquiétudes ; cette Lettre a déja été réfutée par une autre dans la même Gazette[2] et comme on ne sçaurait donner trop de publicité aux questions intéressantes et patriotiques, il nous paraît convenable [129] de les joindre ici toutes deux, et même d'y ajouter quelques Réfléxions. Non que la Réponse, très-bien faite, nous paraisse insuffisante, mais parce qu'il vaut bien mieux risquer de faire un Ouvrage inutile, que de laisser la moindre équivoque sur des vérités auxquelles la puissance de l'Etat, l'opulence et le bonheur de la Nation sont attachés.

———

1. Voyez la Gazette du Commerce du 3 Mars 1764. N°. 18. page 139.
2. Voyez la même Gazette du 10 Mars, page 159.

———

[130]
LETTRE

A l'auteur de la Gazette du Commerce.

Extrait de la Gazette du 3 mars 1764.

De Paris le 22 Février 1764.

Je réponds, Monsieur, à une Lettre insérée dans votre Gazette du Commerce, N°. 6.21 Janvier 1764, dans laquelle sont très-clairement déduits et même démontrés les avantages que produiroit à la France la libre exportation de ses grains à l'Etranger. L'Auteur, en bon Patriote et en homme éclairé, invite les Citoyens à donner leur idées sur une question aussi importante ; il permet même qu'on combatte son opinion, qu'on renverse son système, qu'on lui oppose des raisons, et c'est ce que je n'ai garde d'entreprendre, puisque je déclare ici que j'admets et suis prêt à signer ses princcipes, et toutes les conséquences qu'il en tire. Je suis donc convaincu comme lui : 1°. *Que la libre exportation des grains dans l'intérieur du Royaume, est de droit naturel, qu'il est étonnant qu'on ne l'ait pas senti plutôt.* 2°. *Que l'exportation des grains à l'Etranger, sera une source inépuisable de richesse et de force pour la France.* J'ajoute même qu'il n'est personne qui révoque [131] en doute de pareilles vérités, et qu'il n'est aucune objection à leur opposer ; mais ces vérités senties, démontrées, reconnues, tout est-il dit ? Faut-il lever tout-à-l'heure toutes les écluses, procurer un écoulement libre et subit à nos grains ? N'y a-t-il aucun ménagement, aucune précaution à prendre ? Voilà pourtant la question sur laquelle personne ne s'exerce. Tout le monde appuye, développe et renchérit sur la démonstration des principes ; peu de gens nous apprennent à employer ces mêmes principes ; peu de gens applanissent, ou vont au-devant des difficultés qui peuvent se trouver dans la libre exportation des grains. Je crois cependant qu'il y en a, et je vais proposer des doutes à cet égard. Je désire de tout mon cœur que l'Auteur de la Lettre déjà citée, les trouve faciles à résoudre, et veuille bien s'en donner la peine. Cela peut donner naissance à des dissertations dignes, Monsieur, d'être insérées dans votre Gazette.

1º. Tout nouvel Etablissement, quoiqu'utile et avantageux, tout changement dans les usages accrédités et dans la pratique d'une Nation, a nécessairement à luter contre les préjugés, l'habitude, la mauvaise foi, et une certaine timidité qui doit accompagner les pas chancelans de cette Nation, dans une carrière qu'elle ne connoît pas. Les abus mêmes avec lesquels nous sommes nés, sont chéris des sots, et maintenus, pullulés par les méchans.

2º. Le caractère d'une Nation doit être préliminairement consulté dans tout ce qu'on a à exiger d'elle, même pour son propre avantage.

3º. C'est à de timides essais, à nombre de [**132**] fautes préliminaires, à une longue posséssion que les Anglois doivent les avantages résultans du libre transport de leurs grains dans tous les marchés de l'Europe. Adopter le même systême, l'amener de loin, et petit à petit, c'est prudence ; mais ambitionner de le porter tout d'un coup en France au point de perfection où nous le trouverons établi en Angleterre, c'est peut-être témérité. D'après l'éxemple des Anglois, nous pourrons éviter de tomber dans les mêmes fautes qu'eux ; mais nous en ferons d'autres personnelles et relatives à notre génie, à notre constitution : 50 à 60 ans d'avance, en fait de Police, de Commerce et d'Administration, font une prépondérance en faveur de celui qui jouit, très-nuisible à celui qui veut par imitation partager le bénéfice.

4º. Le Commerce en général ne sçauroit être libre dans une partie, et gêné dans l'autre. La liberté ne s'isole, ne se restraint point à un seul objet ; elle régne sur tous, ou sur aucun ; pourra-t-elle éxister dans le Commerce des grains, à côté de la gêne, dans celui des autres denrées, et au milieu des entraves et des formalités qui desséchent les diverses branches de notre Commerce. Tout se tient dans l'administration d'un Etat, il faut donc que tout y marche du même pas, qu'il n'y ait qu'un même esprit, que les principes soient généraux, et qu'avant d'établir une nouvelle forme, on ait tellement renversé l'ancienne, qu'il n'en subsiste rien, ni traces, ni agens.

5º. En Angleterre, la Nation entière veille à l'administration et à la police des grains. Chaque particulier est éclairé sur ses propres inté[**133**]rêts, les identifie à l'intérêt général, et a droit de les réclamer collectivement contre la surprise, l'ignorance et les faux rapports. Il y a des loix fondamentales, à l'aide desquelles on élague les difficultés, bien loin de permettre que les difficultés étouffent les loix : un mal connu est aussitôt corrigé sans délai, sans opposition, l'immutabilité des principes et des systêmes y est maintenue ; il n'y est pas continuellement nécéssaire, pour opérer le bien public, d'un concours de volontés indépendantes, et en opposition les unes aux autres ; biens et maux politiques, rien n'y est personnel aux Membres, tout appartient à la Société en général.

6°. A-t-on en France des tableaux fideles de la quantité de Terres labourables, et destinées à porter du bled, de la masse de leurs productions année commune, de celles que les semences employent, du nombre des bouches à nourrir, et en un mot de ce qu'exige la consommation générale ? S'il est vrai que nos récoltes, une année dans l'autre, ne rapportent que pour dix-huit mois de subsistance à quinze millions d'individus, si les semences consomment la valeur de trois mois, nous n'avons à faire sortir par an que le superflu d'environ trois mois de nourriture.

7°. Le pain est de premiere nécéssité en France, plus particulierement qu'en Angleterre, parce qu'un même nombre de François en consomment journellement trois fois plus qu'un même nombre d'Anglois. Le besoin en est donc plus grand chez nous que chez eux, la privation de fait ou de supposition en seroit [134] plus affreuse, et les moyens de remédier à cette même disette, plus longs et plus chers. Il est impossible que l'exportation des grains n'en renchérisse le prix, ce sera même un des avantages du projet ; mais cet avantage sera d'abord plus particulierement et plus directement pour le Propriétaire des terres, que pour le manœuvre et le journalier, qui ne haussera sa main d'œuvre que petit à petit, en raison du plus d'occupation qu'il trouvera, et de l'augmentation de la masse de l'argent que le Commerce attirera dans le Royaume. Mais ces deux heureux éffets seront postérieurs à l'augmentation subite du prix des grains, dès la premiere année de leur exportation. Or c'est ici où il faut un peu calculer le caractère de notre Nation ; elle est vive, pétulente, peu refléchie, aisée à allarmer ; que le pain renchérisse, et que les Marchands de bled ayent des magasins pleins et tout prêts à se vuider pour l'Etranger ; qu'une seule voix s'éleve indiscretement, et crie : *Nous allons être affamés, tous nos bleds sortent, on travaille à nous ôter la subsistance* ; qui est-ce qui me répondra que ce premier instant de la terreur publique n'armera pas le peuple, et ne le portera pas à aller follement mettre le feu aux magasins déjà remplis ? Concluons.

CONCLUSION.

J'ai dit que la sortie de nos grains est avantageuse, de droit naturel et nécessaire, qu'elle étoit la source de la puissance et des richesses d'une Nation Agricole. Je le dis encore, et j'ajoute, sans croire cesser d'être d'accord avec [135] moi-même, qu'il y a des inconvéniens à prévenir, des tempéramens à garder, des mesures préliminaires et préparatoires à prendre : par exemple, je pense qu'il faut, avant tout, commencer par remettre de l'argent dans les Provinces, et des moyens parmi les Laboureurs. Je gémis de voir tout l'argent se concentrer à Paris, y attirer les hommes et dévaster les campagnes. De dix-sept cens millions d'argent monnayé qu'on peut compter en France, il y a au moins 1200 à Paris, il en reste 5 circulans dans les Provinces, à partager entre le Commerce et l'Agriculture ; cela peut-il être suffisant, la proportion y est-elle ? Une juste répartition d'hommes, d'argent, de travail et d'industrie dans un Etat, fait sa force et son activité, puisque c'est le sang politique qui doit circuler également et conserver l'équilibre dans toutes les humeurs et les parties : un boursouflement au contraire, un dépôt d'argent dans un Royaume, dans un canton, dans une Ville, ou chez un particulier, désseche, mine, oblitére tous les lieux, tous les êtres voisins. Mais quels sont les moyens de faire refluer l'argent de Paris dans les Provinces ? Ils sont très-simples, tout le monde les pense ; je le dis : Il est abusif que le produit des plus grandes Terres, celui des Evêchés et Abbayes, les appointemens ou gages quelconques, le produit de certaines caisses fiscales, tous les fonds levés pour les chemins du Royaume, et ces sommes immenses destinées à l'usure ou consignées pour l'achat de cette foule de Charges et Offices continuellement en mouvance ; il est contre la saine politique, dis-je, que cette énor[136]me masse d'argent s'apporte à Paris et s'y fixe. Si les grands Terriers, les Evêques, les Abbés, les Receveurs Généraux, etc. se tenoient chacun à leur poste, à leur détail, il en résulteroit d'abord du bon ordre, de l'édification, moins de cabales, d'intrigues, de manéges, de confusion, des mœurs, des connoissances, beaucoup plus de Citoyens, de bons maris, de bons peres, de bons maîtres, de fideles sujets ; en un mot, et c'est ce dont il s'agit plus particulierement ici, il en résulteroit de l'aisance pour nos pauvres Provinces, du travail pour le peuple, des secours pour les vassaux malades ou indigens, du fumier pour les champs, et les récoltes doubleroient en raison de l'augmentation des bras et de l'argent. L'éffet d'une aisance ainsi occasionnée dans nos campagnes, par les retours des deniers et du travail qui en est inséparable, seroit prompt, doux, naturel et général ; celui que l'Auteur de la Lettre attend de la premiere vente de nos grains à l'Etranger, n'a pas, je crois, les mêmes caractères et a beaucoup plus d'inconvéniens.

2°. Qu'on nous donne du tems pour nous familiariser un peu avec la libre circulation de nos grains dans l'intérieur du Royaume. Nos organes sont encore affaissés, abrutis par l'ancienne gène et le découragement. Lisez la Lettre écrite de Paris à l'Auteur de la Gazette, N°. 4. Janvier 1764, *sur l'impossibilité actuelle et absolument morale, d'attirer des bleds de Champagne et de Lorraine en Provence, etc.* [1] Les plus [137] saines nourritures surchargent toujours un estomac convalescent, notre vûe affoiblie soutient à peine la plus douce lumière. Allons pas à pas. Que le Laboureur et le Marchand apprennent à connoître la dépendance où ils doivent être l'un de l'autre, qu'ils s'exercent respectivement dans la spéculation du Commerce des grains de Province à Province ; c'est-à-dire sur les moyens d'enmagasiner, de garder et de transporter les bleds par le plus court chemin, à moins de frais possibles ; que les voitures et les canaux de communication s'établissent d'abord bien du centre aux extrémités ; que le peuple s'accoutume à l'idée si éffrayante et si souvent rejettée des magasins de bled ; que quelque-tems de posséssion nous guérisse de la méfiance attachée à l'instabilité de nos Réglemens.

3°. Les capitaux et l'activité rendus à la Terre, la circulation des grains bien établie de Province à Province dans l'intérieur du Royaume, le ressort de spéculation rendu à nos Marchands, à nos Laboureurs, par le libre Commerce intérieur, la masse des semences, et par conséquent des récoltes petit à petit augmentée, commençons alors par interdire toute entrée chez nous aux grains, aux farines étrangères, et ouvrons aux nôtres quelques-uns de nos Ports les plus à portée des peuples que nous voulons nourrir, soit qu'ils ayent réellement besoin, soit que par le meilleur marché nous voulions porter coup à leur Agriculture, ou à celle de leurs Fournisseurs.

4°. Le grand point est de diviser les opérations, et de mettre entre chacune d'elles assez [138] d'intervale, pour pouvoir en bien connoître tous les effets, les inconvéniens et les remédes ; ce qui éxige de la part du Gouvernement la plus grande suite, la plus constante attention. Car, à moins d'une correspondance fidelle, d'une grande application, Paris ne peut guères être instruit des maux qui ravagent les Provinces, que quand il n'est plus tems d'y remédier, et si par malheur, il venoit à se tromper sur les éffets de la libre exportation de nos grains, et à lui attribuer le désordre ou la disette qui pourroit l'accompagner, cette ressource inépuisable pour la France, deviendroit en horreur à tout bon Français, seroit bannie pour jamais, et nous rentrerions dans l'esclavage et la barbarie de nos préjugés.

---

1. L'Ordinaire précédent prouve que ceci porte à faux.

5°. Il ne faut pas tellement s'en fier à l'augmentation du prix du bled, au-dessus ou au niveau du taux fixé, pour croire que cette augmentation nous avertira exactement, à point nommé, de l'instant où il faudra arrêter la sortie de nos grains, ou plutôt en attirer d'étrangers. Le François occupé du seul moment présent, s'affecte peu de l'avenir ; avide de jouir, s'il trouve à se défaire de toute sa récolte, il le fera sans réserve, sans réfléxion, et la disette sera déjà dans le Royaume, que le prix du bled l'indiquera à peine. Le besoin en bled des peuples de l'Europe, alternativement manquans de cette denrée, peut se calculer, il l'a même été, et la quantité n'en est pas énorme. Or, plus l'excédent de nos consommations de cette denrée approchera de la somme desdits besoins de nos voisins, moins en y satisfaisant, (cause, but et effet unique de l'exportation de nos [139] grains) moins, dis-je, aurons nous à craindre pour nous-mêmes une disette occasionnée par leur sortie ; puisque la demande n'en sera guères plus forte que notre superflu, et que l'on peut se procurer en France, année commune, de quoi fournir à la subsistance de 24 millions d'hommes au moins, pour deux ans, c'est-à-dire plus du double de ce que nous recueillons aujourd'hui ; c'est ce qui fait que j'insiste sur l'aisance du Laboureur, sur la multiplication des capitaux, des bras, des charrues, des défrichemens et sur l'interdiction des grains et farines étrangères, pour opération préliminaire au transport de nos grains chez l'Etranger. Pour éviter la surabondance, l'engorgement, et dès-lors l'avilissement de nos grains accrus par l'augmentation de l'Agriculture, des semences et des récoltes, (fruits de l'aisance du Laboureur) je propose d'ouvrir à mesure, et la balance à la main, des débouchés proportionnés à l'excédent de notre consommation.

J'ai l'honneur d'être, etc.

[140]   LETTRE

A l'Auteur de la Gazette du Commerce, en réponse à la précédente.

Extrait de la Gazette du 10 Mars 1764. N°. 20.

De Paris le 4 Mars 1764.

Je viens de lire, Monsieur, votre Gazette, N°. 18, et j'y vois avec cette satisfaction qu'inspire l'amour de la vérité, que vous ne dissimulez aucune des objéctions qui s'élevent même contre les opinions que vous avez embrassées. Ce plan, Monsieur, est le seul capable de procurer à la Nation une instruction solide sur ses plus grands intérêts.

La réponse que vous insérez dans votre Gazette, N°. 18, à la Lettre du N°. 6, propose, contre l'exécution actuelle de la liberté du Commerce des grains, des doutes d'autant plus capables de faire impréssion, qu'ils sont précédés de l'aveu des principes évidens qui militent en faveur de cette liberté ; et on se plaint que personne ne s'exerce sur cette partie de la question qui concerne les précautions à prendre.

Je ne suis point l'Auteur de la Lettre, N°. 6, et peut-être mon opinion personnelle est-elle aussi éloignée du tranchant de l'une, que de l'extrême timidité de l'autre. Cependant il me semble que ceux qui traitent les questions œco[141]nomiques en grand, sans autre objet que l'instruction publique, sont fondés à exposer les vérités dans leur étendue la plus rigoureuse. Ils se reposent sur la sagesse de l'administration du soin de distinguer ce qui doit être fait pour le salut public, et ce qui peut être accordé, soit à l'opinion populaire, lorqu'il s'agit de la rectifier sur un article intéressant, soit à la prévoyance qui lui conseille de prévenir scrupuleusement toute combinaison possible d'événemens capables d'altérer l'effet d'une opération importante. C'est cette application juste des principes aux circonstances particulieres ou locales qui forme la difficulté de la science de gouverner : le génie seul, aidé d'une longue observation, a droit d'apprécier la différence d'un moment à un autre, et de trouver dans le principe même la régle des excéptions qui doivent en modifier l'éffet général, conformément aux tems et aux lieux. Il n'est donc pas surprenant que les bons esprits qui ont médité sur la liberté du Commerce des grains, ayent été retenus par cette réfléxion judicieuse. Parmi ceux qui professent la nécessité de la liberté, peut-être en est-il qui eussent proposé des modifications à cette liberté, s'ils eussent assez présumé d'eux pour croire utiles au Public leurs observations sur la maniere d'exécuter ; ou bien s'ils ignoroient que dans ces sortes de matières on ne voit que trop souvent des gens rendre hommage à la vérité pour en arrêter plus sûrement les éffets. Il est rare de voir des hommes instruits, ou qui prétendent l'être, en contradiction ouverte sur les principes ; mais il l'est encore plus de les voir d'accord sur les expé[142]diens lorsqu'il faut opérer. C'est toujours sur les détails que roulent les discussions, que s'élevent les difficultés ; les incidens s'accumulent avec les repliques, l'objet principal est enfin perdu de vûe, et de-là résulte souvent ce paradoxe monstrueux, qu'une chose indispensable ne peut être exécutée. Lorsque des hommes sont également portés à concourir au même but, la diversité des opinions produit un grand bien ; chacun propose ses moyens, et de la discussion réciproque naît la lumière : mais lorsque les uns proposent et que les autres ne s'occupent qu'à détruire sans édifier, on ne peut en attendre que l'incertitude et l'indécision. Sully n'eût rien réformé s'il eût attendu le concours de ceux-mêmes qui se vantoient d'avoir de l'expérience et de l'habileté dans sa partie. Richelieu pour élever la fortune de la France ne changea point impunément de principe, et son plan ne fut pas moins contrarié par les préjugés des politiques qui l'avoient précédé dans les Conseils, que par l'envie des Courtisans. Plusieurs Provinces manqueroient probablement à cet empire, si les Conseils de guerre eussent décidé des batailles données par les Condé, les Turenne, les Luxembourg, les Vendôme. Dans tous les tems, dans tous les lieux, l'avis du plus grand nombre produisit rarement de grands succès ; et il est peut-être naturel de penser que la seule instruction nécéssaire à un Public qui n'a point à délibérer sur l'exécution, et[1] celle qui coupe la racine de ses préjugés, par la démonstration des bons principes ; celle enfin, qui, en lui apprenant qu'il faut agir, le prépare à recevoir avec re[143]connoissance, les expédiens que la sagesse du Gouvernement aura adoptés.

Ce choix est si délicat, que les particuliers semblent devoir mettre beaucoup de retenue dans de semblables propositions ; et l'éxemple de l'excellent Essái sur la Police des grains, nous apprend qu'il ne suffit pas de bien penser sur le fond, pour bien opérer.

---

1. Il doit falloir *est*, sinon la phrase est inintelligible. (*Note de l'éditeur*).

L'Auteur n'a-t-il pas proposé, comme une précaution convenable, de mettre un droit à la sortie de nos grains ? Or, si ce droit arrête la sortie, ce n'est pas la peine de faire une loi nouvelle ; s'il ne l'arrête pas, que signifie cette précaution ? Où se bornera, où s'étendra son influence ?

Il paroît donc que les bons Citoyens ont rempli leur tâche, en prouvant à la Nation que la culture des grains dépérit, parce qu'elle n'est pas assez lucrative, et que toute Nation qui n'aura pas envisagé l'Agriculture du côté du Commerce, sera dans ce cas. Car la circulation intérieure ne peut par elle-même augmenter le profit général de la culture, ni hausser la valeur du bled. Si l'on veut donc soutenir et augmenter cette culture, il faut pouvoir vendre à un prix proportionné aux dépenses ; est-il un autre moyen que le Commerce avec l'Etranger, qui fera participer nos denrées aux prix que vaut la denrée dans les autres marchés ? Voilà ce qui est indispensable et plus fort que tous les doutes ; sans argent, point de denrées. Réglez comme il vous paroîtra convenable les conditions de ce Commerce, pourvû que vos régles ne l'anéantissent pas ; mais il faut que je vende à profit, si vous voulez que je produise. Vos paroles sont belles, vo[144]tre prudence est grande ; mais lorsque vous agirez, j'agirai ; ma parole est sûre, car mon intérêt est ma caution. La vôtre ne l'est pas, car vous ne connoissez pas ma situation, puisque vous me conseillez d'y rester ; voilà le véritable état de la question : toutes les fois qu'on cherchera à l'éluder, il sera permis de croire que les principes avoués ne sont pas bien saisis dans toute leur étendue, ou que les préjugés sont plus forts que la conviction ; car il n'appartient qu'aux préjugés de vouloir et ne vouloir pas.

Résumons cependant les objéctions, de peur que l'on ne nous accuse de les mépriser, et encore plus d'être embarrassés d'y répondre.

1°. *Les abus avec lesquels nous sommes nés, sont chéris des sols, et maintenus, pullulés par les méchans.*

R. Cela est de toute vérité, mais il ne faut point répéter ce que disent ces gens-là ; encore moins le faire valoir.

2°. *Le caractère d'une Nation doit être consulté dans tout ce qu'on a à exiger d'elle, même pour son avantage.*

R. Jamais une vérité morale et vaguement alléguée n'a détruit un fait phisique : la Nation parle comme elle le peut, les Compagnies supérieures, les Bureaux d'Agriculture, le vœu des Citoyens éclairés et instruits, les Laboureurs, tout dépose que l'anéantissement de la culture procéde de l'avilissement du prix des grains. Le caractère national seroit-il de vouloir sortir de la misère, et d'en être aussi-tôt repentant ? Il faut abréger pour aller au fait ; mais on nous regarde comme des enfans.

[145] 3° *C'est à de timides essais, à nombre de fautes, à une longue posséssion, que les Anglois doivent les avantages résultans du libre transport de leurs grains. Ambitionner de le porter tout d'un coup en France au point de perfection, où nous le trouvons établi en Angleterre, c'est peut-être témérité.*

R. Quelles sont donc ces fautes qu'ont faites les Anglois ? l'auteur auroit bien dû nous faire part de ses Mémoires très-secrets sur cette partie. L'Histoire et les Statuts d'Angleterre ne nous en apprennent que deux ; la premiere, d'avoir cru qu'un droit d'entrée sur les grains étrangers suffiroit pour mettre la Culture nationale au pair, ce qui ne réussit point en éffet. La deuxieme, d'avoir proclamé une fixation de prix pour la sortie si basse qu'elle fût sans éffet, ce qui détermina un an après à la fixation actuelle.

Au surplus, on ne demande pas la police d'Angleterre, mais son éffet ; choisissez l'expédient, mais donnez une valeur à nos denrées. Ainsi c'est créer une chimère pour la combattre que de nous parler de la perfection Angloise, et de l'ambition de nos Laboureurs. Personne ne prétend que nous vendions dans ce moment autant de grain que les Anglois, car cela est impossible ; mais que la liberté permanente d'en vendre produise une hausse sur le prix, capable de rembourser les frais de la Culture, et d'inviter à son amélioration. Nous nous reconnoîtrons volontiers dans l'enfance, nous ne demandons pas à grandir avant l'âge ; mais laissez-nous l'usage de nos membres, car nous serons d'autant plus foibles, que nous les [146] aurons moins exercés. La perfection du Commerce, c'est d'avoir la préférence sur les Etrangers ; or nous l'aurons dès qu'on nous permettra d'avoir tout le superflu que nous pouvons nous procurer ; car nous sommes l'Etat le plus grand, le plus plantureux, comme disoient nos peres, et le plus mal cultivé après l'Espagne ; arrêter ce qui peut seul nous y conduire, c'est donc incendier les moissons.

Lorsqu'il fut question en Angleterre de tirer l'Agriculture de son état de dépérissement par une grande opération, les mêmes raisonnemens s'y firent, et de plus forts encore, car alors nous nourrissions l'Espagne en entier, et nous substentions plus souvent l'Angleterre qu'elle ne vient aujourd'hui à notre secours ; nous avions encore des terres à cultiver cependant, ainsi la témérité de nos voisins étoit encore plus grande. Comparons la situation actuelle de notre Culture et de la leur, voilà la solution.

Mais la difficulté fût-elle encore plus grande, est-ce un bon conseil que de ne rien tenter ? Des hommes actifs et courageux redoubleront d'éfforts ; il n'y a que l'impossibilité démontrée capable de les décourager.

4° *Le Commerce en général ne sçauroit être libre dans une partie et gêné dans l'autre... Il faut que tout marche d'un pas égal, et qu'avant d'établir une forme nouvelle, on ait tellement renversé l'ancienne, qu'il n'en subsiste rien.*

R. Voilà encore une cumulation de maximes générales, dont l'affirmative ne conclut rien sur la question particuliere, et dont la négative peut occasionner des volumes de contro[147]verses, à la faveur desquelles on mettra à l'écart la question éssentielle.

Eh ! quand même cela seroit vrai, ce qu'on est fort éloigné d'accorder, faudroit-il croire que les grains qui forment les six douziemes au moins du revenu national, ne devroient pas avoir une valeur proportionnée à la dépense de leur production, parceque les autres branches des revenus primitifs, seroient dans le même cas ? Un homme fracassé ne se serviroit pas du bras le premier guéri, jusqu'à ce que tous les deux le fussent !

Mais allons plus loin ; les grains seuls sont dans le cas de la prohibition. Chacun fait de son vin, de son sucre, de sa toile, de son drap, ce qu'il lui plaît, le vend comment et à qui il le juge à propos, au prix qui lui convient : ainsi les grains seuls, on le répete, la moitié du revenu national, ne profite pas de la liberté accordée à toutes les autres propriétés ; cette comparaison est donc un argument en leur faveur ; et ce n'est point ici qu'il a été employé pour la premiere fois.

5°. *En Angleterre la Nation entiere veille à l'Administration et à la Police des grains. Il y a des loix fondamentales, à l'aide desquelles on élague les difficultés, l'immutabilité des principes et des systêmes y est maintenue.*

R. Puisque l'Auteur fait tant d'état du caractère national dans cette question, et qu'après avoir supposé gratuitement aux François une opposition générale contre leur plus grand intérêt, il en conclud qu'il vaut mieux les laisser dans la pauvreté que de les enrichir malgré eux ; je crois à mon tour être en droit de [148] conclure que la Nation instruite, aura autant d'influence pour le maintien des bons principes, que pour soutenir le principe de sa destruction. J'ajoute que de tous les Peuples de l'Europe, aucun n'est si constamment attaché aux maximes qu'il embrasse : lisez nos loix, étudiez nos formes ; vous y verrez des variations nécéssaires, mais lentes et peu fréquentes ; le fond est toujours conservé. Cela vient de la grande confiance du Peuple dans le Gouvernement, et du respect de celui-ci pour les Loix. C'est par cette raison qu'on ne demande pas des permissions momentanées, mais une loi permanente. Cette loi aura ses gardiens, les mêmes qui veillent à la conservation du petit nombre de nos loix fondamentales et des loix éssentielles qui y suppléent ; avec cette heureuse différence entr'elles, que le Législateur pourroit les changer ou les modifier, si le salut public l'exigeoit. Il est donc évident que nous avons autant de moyens d'être sages et heureux que les Anglois.

6°. A-t-on en France des tableaux fidéles de la quantité des terres labourables et destinées à porter du bled.... de ce qu'exige la consommation générale? S'il est vrai que nos récoltes ne rapportent, une année dans l'autre. que pour 18 mois de subsistance à 15 millions d'individus, si les semences consomment la valeur de trois mois, nous n'avons à faire sortir par an que le superflu d'environ 3 mois de nourriture.

R. Pour toute réponse on pourroit alléguer deux faits. 1°. La moitié de la France voit consommer ses récoltes de grains à des usages que le défaut de débouché a seul introduits : [149] ce que les hommes ne consomment pas d'orge et même de bled, ce que les greniers n'en peuvent pas contenir, est donné aux cochons. 2°. Dans l'année 1709, la plus mémorable de nos époques disetteuses, les bleds que le Gouvernement fit venir, ne servirent point à la subsistance nationale, et furent gâtés faute de vente. Il se trouva en France même de quoi subvenir aux besoins ; et ce qui rendit cette année si désastrense, ce fut, indépendamment des autres circonstances, la perte presque totale d'une année de revenu ; dès-lors la cessation d'une année de salaires. On avance ce fait d'après des témoins respectables.

Mais allons plus avant. Nous n'avons à la vérité aucun tableau légal et autentique sur la population, ni sur la quantité de nos terres ensemencées : cependant plusieurs personnes ont observé, et ces observations sont un préjugé plus recevable qu'un doute, sur-tout lorsque chacun en a vérifié la justesse dans les parties qu'il a été à portée de connoître. On est donc assez d'accord qu'il y a environ 16 millions de personnes à nourrir, au lieu de 15 que suppose l'Auteur. On convient encore assez généralement, que bonnes et mauvaises années compensées, la récolte donne une année et demie de subsistance, semences prélevées ; au lieu que l'Auteur dans cette année et demie comprend les semences. On sçait à l'appui de cela que lorsqu'il n'y a que ce qu'on appelle demie-année, on n'est pas inquiet de la subsistance, parce que l'année pleine comme l'année 1763, rend la subsistance de 3 à 4 années : en effet l'année derniere, dans la plus grande [150] partie du Royaume, la récolte n'a pû être engrangée. On croit donc ne pas sortir des bornes raisonnables, en posant l'évaluation actuelle de nos récoltes à une année et demie l'une dans l'autre : on croit qu'on seroit fondé à la porter plus loin ; mais il faut abréger.

On compte communément 40 millions d'arpens de terre en labour pour toutes espéces de grains.

10 millions en froment, méteil, seigle et mays.

15 millions en orges et menus grains.

15 millions en jachéres.

40 millions d'arpens.

La récolte moyenne à 4 septiers, y compris la semence, donne sur les 10 millions d'arpens en froment, seigle et mays.. 40 millions.

Les 15 millions d'arpens en orge et menus grains.   60 millions,

100 millions.

Déduisons-en pour les semences............... 19 millions.

reste   81 millions.

Sçavoir 32 millions en bleds.

Et   49 en orge et menus grains,

81 dont la moitié de ces derniers sert à la nourriture des hommes.

Nous avons donc environ 50 millions de septiers de grains à employer à notre subsistance. On se flatte d'être resté au-dessous du vrai plutôt que de tomber dans l'éxagération.

[154] 16 millions d'hommes à 2 septiers $\frac{1}{4}$ l'un dans l'autre, n'en consomment que 36 millions de septiers ; il nous reste donc environ 20 millions d'excédent ou la demie-année, sans compter les chataignes et les pommes de terre.

Si cet excédent sort, ou seulement la moitié, nous pouvons craindre qu'une mauvaise année ne nous mette à découvert, d'être forcés de recourir à l'étranger pour racheter cher ce que nous lui aurons vendu à bon marché.

L'objection est préssante, je ne crois pas l'avoir affoiblie ; voyons si elle est solide.

Le septier pése 240 liv. ; par conséquent 5 millions de septiers péseront 1,200,000,000 liv. Le tonneau de mer pése 2000 liv. ; ainsi ce sont 600 mille tonneaux de mer. Or pour les exporter il faudroit 2 mille Vaisseaux de 300 tonneaux. Ils n'existent pas en France, ainsi la seule précaution de ne se servir que de Vaisseaux François nous met dans l'impossibilité actuelle d'exporter seulement 5 millions de septiers, ou le quart de notre superflu ; ce qui forme à-peu-près le tiers de ce qui peut être consommé en Europe, dans les pays qui reçoivent du bled de l'étranger.

Par conséquent pour exporter seulement tous les ans un million de septiers, ou le vingtieme de notre superflu, il faudra qu'il soit construit exprès environ 2 ou 300 Vaisseaux, de 150 à 200 tonneaux ; car nous n'avons pas assez pour des objets plus lucratifs.

Tel est donc à-peu-près le tableau du Commerce par lequel nous pouvons commencer à entrer en concurrence avec l'étranger. Les 8 à 10 millions d'argent étranger que cette opé[152]ration peut verser parmi les Cultivateurs en sont le moindre bénéfice. L'effet le plus utile pour nous sera d'augmenter la valeur de nos récoltes, en rapprochant un peu nos prix de ceux de tous les marchés de l'Europe ; et quand même cette augmentation ne seroit que de 20 s. par septier sur le froment, et de 10 s. sur les autres grains, il en résulteroit sur nos 40 millions d'arpens ensemencés, un bénéfice d'environ 52 millions pour les Fermiers, somme au-dessus du montant de la taille.

Je ne dois faire, ni au Public, ni à l'Auteur de la Lettre, l'injure de développer les conséquences ; mais je rappellerai que dans l'état actuel, la valeur du bled ne forme presque que le pair de sa dépense.

7°. *Le pain est de première nécéssité en France plus particulierement qu'en Angleterre, parce qu'un François en consomme journellement trois fois plus qu'un Anglois.*

R. On ne veut pas disputer sur la proportion ; mais pourquoi y a-t-il une différence entr'eux, car il en existe une ? Le voici : Le François ne faisant point argent de son bled, et son bled ne payant point la façon, il n'a que cela pour vivre ; il ne cultive point de pommes de terre qui le nourriroient mieux, plus agréablement et à moins de frais. Voyez l'Allemagne, même l'Alsace et la Lorraine.

8°. *L'exportation renchérira le prix ; mais cet avantage sera d'abord plus particulierement et plus directement pour le Propriétaire des terres que pour le manœuvre et le Journalier, qui ne haussera sa main d'œuvre que petit à petit.*

R. Voilà la bonne objection ; mais elle est [153] résolue par la démonstration faite ci-dessus de l'impossibilité d'exporter actuellement seulement un million de septiers, ou la 56° partie d'une récolte moyenne. Cependant on a évalué l'augmentation générale des prix à raison de cet enlevemènt, à un quinzieme : ce qui coûte 14 d. en coùtera peut-être 15, et il y aura évidemment au moins un 30° de travail de plus. Où est donc l'inconvénient ?

9°. *Que le pain renchérisse, et que les Marchands de bled ayent des magasins pleins et tout prêts à se vuider pour l'étranger, qu'une seule voix s'eleve indiscretement et crie : on travaille à nous ôter la subsistance : qui est-ce qui me répondra que ce premier instant de la terreur publique n'armera pas le peuple ?*

R. Donnez une loi, le Magistrat répondra de tout : Il punit ordinairement de mort ces sortes d'indiscrétions, puisqu'on les appelle ainsi. Mais considérons cet assemblage ; le pain est renchéri, les magasins des Marchands de bled sont pleins, tout prêts à se vuider pour l'étranger, et le peuple les brûle. Je ne crois point que cette marche soit naturelle ; elle est contraire aux intérêts de ceux qui la tiendroient.

Je suis, etc.

[154]

RÉFLEXIONS,

Pour servir de seconde Réponse à la Lettre insérée dans la Gazette du Commerce N°. 18.

Il s'agit de sçavoir si tous les avantages du Commerce extérieur des grains avoués et reconnus, il est tems de donner cette liberté ? Si elle a des inconvéniens qui doivent la faire retarder ? Si dans le cas où elle en aurait, ces inconvéniens seraient effectivement parés par le retard ?

Nous traiterons séparément ces trois questions.

PREMIERE QUESTION.

L'Auteur de la Lettre que nous éxaminons, dit sur la première question, qu'il *faut nous donner le tems de nous familiariser avec la circulation intérieure,* qu'*il faut interdire l'entrée des grains étrangers,* qu'*il faut donner des moyens au Laboureur, multiplier les capitaux, les bras, les charrues, les défrichemens, renvoyer la consommation dans les Provinces,* ensuite que *l'on pourra, la balance à la main, ouvrir à mesure quelques débouchés,* etc.

Un mot sur chacune de ces opinions.

1°. *Nous donner le tems de nous familiariser avec la liberté de la circulation intérieure.* Nous donner le tems, soit, puisqu'on le veut ; [155] mais il y a trois mois que l'on jouit de la liberté intérieure, celle de l'exportation n'est pas encore décidée ; ainsi voilà qui est déjà fait. On a donné du tems, et puisqu'il ne s'agissait que de se *familiariser,* nous ne devons pas être loin du terme, car il ne paraît point que cette liberté de la circulation ait beaucoup éffrayé nos Provinces de l'intérieur [1]. Il est vrai que l'Auteur voudrait que

---

1. La liberté de la circulation intérieure n'a pas produit l'éffet que l'on en désirait ; les Grains n'ont presque point renchéri. La raison en est simple, c'est que malgré les plaintes que l'on affecte, de voir des enlevemens rapides, il est de la nature de toutes les opérations de commerce de se faire avec lenteur. Ceux qui s'imaginent que le bled monterait tout-à-coup à un prix excéssif dans le cas de liberté, ne connaissent point la marche de l'esprit humain, qui ne peut acquérir que progréssivement des lumieres, et moins encore celle de

ce tems embrasse celui d'établir *des canaux de communication du centre aux extrémités*, c'est nous renvoyer loin. Les canaux, comme toute autre entreprise publique, ne peuvent se faire que par le moyen des revenus de la Nation ; les revenus tiennent au prix avantageux et uniforme des productions du Territoire ; le prix uniforme et avantageux ne peut être que celui [156]du *Marché général*, auquel on participe par la liberté de l'exportation et de l'inportation. Dire donc : *commencez par faire des canaux* ; c'est dire faites de la dépense, tandis que vous n'avez point d'argent. Il serait plus conséquent, sans doute, de dire : ayez de l'argent et des revenus, donnez pour y parvenir la liberté de l'exportation et de l'inportation des grains, *afin de pouvoir faire des canaux* [1].

[157] 2°. *Interdire l'entrée des grains étrangers*, voilà une manœuvre bien hardie pour quelqu'un qui paraît timide ; ce serait un préliminaire de Commerce d'une espéce peu commune, et qui certainement n'est pas propre à lier des correspondances. Heureusement qu'une pareille interdiction ne s'exécutera jamais ; dans les

---

l'esprit des Négocians qui ne veulent rien faire qu'à coup sûr, et qui par conséquent vont toujours pas à pas dans leurs entreprises.

D'ailleurs la liberté de la circulation intérieure. quoiqu'indispensable, est le plus insuffisant de tous les remédes : car elle ne multiplie pas la consommation, ni par conséquent le débit; elle ne peut qu'égaliser le prix d'une Province à l'autre. On ne fait point revenir un apoplectique en lui jettant de l'eau fraîche, ni en lui donnant des ptisannes, il faut le saigner.

1. *Les canaux* sont un outil de commerce, outil commode, et qui ménage bien les frais ; mais comme pour avoir de ces outils là, il faut les payer, il est très-sûr qu'on s'en souciera peu, tant que l'on ne verra point la nécéssité et l'utilité présente de s'en servir. On trouvera toujours du commerce dans les lieux où seront des canaux; sans doute : c'est que l'on n'a jamais fait de canaux dans les Pays où il ne peut point y avoir de commerce. Les simples communications même ne s'établissent qu'à mesure que le besoin s'en fait sentir. Le grand moyen donc pour avoir force *canaux de communication du centre aux extrémités*, c'est de donner la liberté de l'Exportation et de l'Inportation des Grains, la circulation intérieure ne peut jamais produire cet éffet, car, quelque libre que cette circulation soit, les Habitans des Provinces de l'intérieur ne s'aviseront point d'envoyer leurs Grains en Normandie, tant que cette fertile Province n'aura pas le débouché du superflu des siens; chacun restera à sa place, chacun consommera sur son champ le produit de son champ, personne ne cherchera à multiplier ce produit non débitable, au contraire on ressérrera sa consommation pour ménager sa peine, et pour donner moins de prise à des impôsitions indirectes qui portent dessus; de-là travail médiocre, culture faible, superflu, commerce, canaux et communications nuls. Mais si toutes nos Provinces maritimes avaient la liberté de l'Exportation, les Provinces de l'intérieur trouveraient le débit de leurs Grains. qui, de proche en proche, viendraient remplacer les exportés: de-là combinaisons de commerce, magasins, *canaux, communications*, travail, industrie ; de-là accroissement de culture, de richesses, de population, de revenus ; de-là bonheur pour le Peuple, gloire et puissance pour le Roi. Voilà la différence du Tableau.

annes abondantes elle serait inutile, les Etrangers n'apporteront pas leurs bleds chez nous quand nous n'en aurons que faire, et quand les nôtres seront à meilleur marché que les leurs : dans les années de disette elle serait révoquée incontestablement ; la Police qui veille avec tant d'attention à la subsistance du peuple, s'empresserait même à acheter des grains étrangers.

3°. *Donner des moyens au Laboureur.* Excellente maxime ! belle et sage opération ! Mais comment ? *En multipliant les capitaux.....* expréssion que je n'entends pas ; les capitaux peuvent s'accroître insensiblement par l'addition de quelques nouveaux produits nets, qui tourneraient au profit des avances productives ; mais des capitaux qui multiplient, surtout dans un pays fermé au Commerce extérieur, et où la culture rend à peine les frais, je n'ai jamais vu cela.... *Les bras....* ah ! cela est différent, les bras peuvent multiplier ; le moyen est facile ; il ne s'agit que d'avoir [158] des salaires suffisans à donner aux hommes qui n'ont que des bras, et je réponds de leur postérité [1] ; l'aisance peuple, il n'y a que le luxe de décoration et la misere sa compagne qui soyent dépopulateurs : mais pour avoir des salaires suffisans à donner à tous ceux qui ont besoin d'ouvrage, il faut avoir des revenus ; pour avoir des revenus, il faut vendre avantageusement les denrées de son Territoire ; pour vendre avantageusement ses denrées, il faut que le prix en soit peu variable ; pour avoir un prix peu variable, il faut participer à celui du marché général, il faut exporter et inporter ; vouloir d'abord *multiplier les bras*, c'est mettre l'effet avant la cause.

Il est vrai que ce n'est pas seulement les bras que l'on veut multiplier, ce sont aussi *les charrues et les défrichemens....* Les défrichemens ? Quelle singuliere marche ! quoi vous convenez que le Laboureur *manque de moyens*, parce que le vil prix de ses productions rembourse à peine ses frais de culture, parce qu'il est surchargé de grains, parce qu'il éprouve universellement *la misere de l'abondance* ; et vous opinez que pour remédier à ce malheur [159] il faut accroître la culture, *multiplier les charrues et les défrichemens*, et se bien garder d'ouvrir la porte que tout cela ne soit fait ?..., Oui certainement vous viendriez ainsi à la liberté du Commerce extérieur, (quand on s'est jetté par terre il faut bien se rele-

---

1. On voit que l'intention des contradicteurs est de reculer le plus loin possible. Attendre pour donner la liberté de l'Exportation que les bras soient multipliés, c'est demander beaucoup de tems.

Je ne profite pas de la moitié de nos avantages ; je pourrais relever des façons de raisonner bien extraordinaires. On ne veut pas donner la liberté du commerce extérieur que nos récoltes ne surpassent de beaucoup notre consommation, et pour moyen on propose de multiplier les consommateurs.

ver si l'on ne veut mourir là). Mais vous y viendriez par une route cruelle. Ne voyez-vous pas que vous augmenteriez encore l'avilissement du prix de vos grains, que bientôt ils ne rembourseraient plus que les frais, que si la culture ne rendait que les frais, on toucherait au moment de n'avoir plus de culture , parce que le Laboureur n'y trouvant aucun profit, ne mesurerait plus son travail que sur son appétit et apprendrait bientôt le secret d'aller pieds nuds et de boire dans sa main ? ne voyez-vous pas que si la culture ne rendait que les frais, il ne pourrait y avoir aucun revenu pour qui que ce soit; que dès que vous n'auriez point de revenu, vous deviendriez une Nation nulle, qui n'aurait ni gouvernement ni soldats, qui serait le jouet de ses voisins et la proye du premier entreprenant? Ne voyez-vous pas que dès que vous manqueriez de revenu vous n'auriez pas la même subsistance alimentaire; qu'il faudrait que vous viviez de l'air, vous et ce peuple dont vous craignez la fureur, et ces pauvres à qui vous viendriez vendre du pain à bon marché, mais qui n'en pourraient acheter a aucun prix [1]?

[160] 4°. Pour ce qui est *d'envoyer de la consommation dans les Provinces, par le séjour auquel on obligeroit les grands Propriétaires, etc.* c'est réellement une opération bonne, utile et judicieuse, pourvû qu'elle se fasse *par tous moyens doux et honnêtes*, comme disoit notre bon Roi Henri le Grand. Mais cette opération est absolument indépendante de l'exportation et de l'inportation des grains, et n'a aucun droit pour passer devant; car rien ne peut être plus pressé que d'assurer à ces mêmes Propriétaires des revenus considérables, et leur séjour en Province en sera bien autrement avantageux; rien ne peut être plus pressé que d'assurer au peuple un prix constant et uniforme dans la plus importante des denrées alimentaires, afin qu'il ne soit plus exposé aux transitions subites et cruelles, qui, dans un pays fermé au Commerce, se trouvent nécessairement entre le vil prix et la cherté excessive. D'ailleurs quelqu'avantageuse que soit cette opération, elle est décidément insufisante pour l'éffet que l'on s'en propose; le séjour des grands Propriétaires dans les Provinces transportera la consommation, mais ne la multipliera guere, il n'augmentera point le nombre des mangeurs. Les Provinces nourrissent la Capitale; si l'on répand les

---

1. Je me trompe, lorsque l'on aurait ainsi détruit la culture et dissous la Nation, par la multiplication des entreprises rurales et l'obstination du *nondébit*, ou ne serait pas encore pour cela obligé de vivre de l'air ; il resterait une ressource, ce serait de manger jusqu'à extinction *ces mêmes capitaux* que l'on voulait *multiplier* tout à l'heure. L'usage de cette ressource, qui rend le mal sans remede, est le secret dont on s'est servi de tout tems pour placer des déserts où il y avait des empires.

Habitans de cette Capitale dans les Provinces, ils seront [161]
nourris tout de même, peut-être un peu plus au large; mais surtout, quant au pain, la différence sera petite; (chacun sçait le pro-
verbe du peuple, *que personne ne dîne deux fois*) les cantons éloi-
gnés vendront mieux, les pays de l'intérieur vendront moins ; ôtez
de cela l'épargne des frais de transport, qui tournent eux-mêmes en
consommations, reste à très-peu de chose près zéro pour la masse.

Ces conseils, de *se familiariser avec la circulation*, de *faire des
canaux*, de *donner des moyens au Laboureur*, d'*envoyer la consommation dans les Provinces*, de *multiplier les bras, les charrues,
les défrichemens, etc.* avant de donner la liberté de l'exportation
des grains; ces conseils vagues pourraient se résumer par ce discours : « Nous sommes pauvres. notre Agriculture est dans un état
« de dépérissement et de langueur, *nos organes sont encore affais-
« sés, abrutis par l'ancienne gêne et par le découragement* [1]. Il y
« a un moyen de sortir promptement de cette triste situation,
« moyen qui est *de droit naturel*, et qui *serait pour la France une
« source inépuisable de richesse et de force* [2]; ce moyen est la
« liberté entiere et absolue de l'exportation et de l'inportation des
« grains, *personne n'en doute et je suis prêt à le signer* [3] ; mais
« comme nous sommes bien pauvres et que la néccssité du remede
« est préssante, je conclus qu'une méthode qui nous enrichirait si
« vîte pourrait être très[162]pernicieuse. et qu'il faut attendre pour
« nous en servir que nous n'en ayons presque plus besoin. »

Passons, car il seroit dûr, et d'entendre toujours raisonner ainsi,
et d'être toujours obligé de réfuter de la sorte.

5°. Après toutes les opérations préliminaires et lentes sur lesquelles nous venons de jetter un coup d'œil, l'Auteur propose enfin
d'ouvrir des débouchés à mesure, et la balance à la main. La
balance à la main ! Beau mot ! mais qui fut souvent d'une interpré-
tation bien funeste. *C'est la balance à la main* que s'est établi le
systême destructif qui nous a conduits au point où la culture rend
très-peu de chose par-delà les frais ; c'est *la balance à la main*, que
le Juge de Saumur défendit en 1607 l'exportation des grains ; et si
la Cour alors n'applaudit point à son zèle indiscret, ce n'en est pas
moins *la balance à la main* que depuis 1661 il s'est rendu tant d'Or-
donnances prohibitives ; ce fut *pour y tenir de plus près la main*,
qu'en 1699 on interdit le Commerce de Province à Province......
Il n'y a qu'une balance toujours invariable et sûre, c'est celle que

---

1. Voyez dans la Lettre ci-dessus à la pag. 1[36], lig. 27 [page 62, ligne 2].
2. Voyez même Lettre, p. [130] ligne antépénultiéme [page 58, ligne 14].
3. Voyez même page.

l'Etre suprême a établi dans la marche des opérations naturelles. Celle-là nous répond que jamais le bled ne sortira des lieux où il sera nécessaire et cher, pour aller dans ceux où il sera abondant et à bon marché ; celle-là nous répond que le Commerce une fois libre, la disette sera impossible, et que tous les peuples de l'Europe mangeront constamment le pain au même prix, parce qu'ils se secoureront mutuellement, et de proche en proche.

[163] O balance sublime de la Nature, tu n'es bien qu'entre les mains de ton Auteur ! toutes les fois que des créatures faibles et bornées, sujettes aux passions, à l'ignorance, à l'intérêt, à l'erreur, ont osé s'arroger la direction, leur main vacillante n'a fait que précipiter alternativement tes bassins.

SECONDE QUESTION.

La liberté de l'exportation et de l'inportation des Grains a-t-elle quelque inconvénient ?

L'Auteur dont nous prenons la liberté de discuter ici les opinions, ne présente qu'une seule crainte qui vaille la peine d'être relevée.

Il redoute, que *l'accroissement de la richesse se faisant sentir d'abord plus particuliérement sur les revenus des Propriétaires, que sur le salaire des Ouvriers et Journaliers, le renchérissement du pain ne cause quelque sédition parmi le Peuple.*

Je réponds, que l'accroissement de la richesse se faisant sentir d'abord plus particuliérement sur le produit net de la culture, (produit qui se partagera entre les propriétaires et les Laboureurs)[1] que sur la dépense et les salaires des Ouvriers et Journaliers, le renchérissement du pain ne pourra causer aucune émotion, et moins encore de sédition parmi le Peuple.

Il paraît peut-être au Lecteur que je n'ai fait que répéter l'objection ; cependant je n'y sçais point d'autre réponse. Expliquons-nous.

1°. Le renchérissement des Grains ne sera rien moins que subit, comme on fait semblant [164] de le croire ; il sera au contraire progréssif et très-lent, parce que nos Marchands seront d'abord peu entreprenans et peu routinés à ce commerce. L'Auteur dit lui-même que *nous ne pouvons ambitionner de le porter tout d'un coup au point où il est en Angleterre.* Il ajoute que *nos organes sont encore affaissés, abrutis par l'ancienne gêne et le décourage-*

---

1. Voyez le grand Tableau, page [46] du Mémoire [page 21].

ment, que nous sommes peu exercés *sur les moyens d'enmagaiz-
ner, de garder et de transporter les bleds par le plus court chemin, et à moins de frais possibles.* Donc nous perdrons en frais une
partie du bénéfice qui semblerait nous assurer le bas prix actuel de
nos grains ; donc nos ventes n'iront pas vîte, donc nos exportations
seront faibles, donc le renchérissement de nos bleds ne sera pas
considérable [1]. C'est d'après toutes ces opérations mûrement pesées,
qu'on a cru ne devoir compter le prix du vendeur des grains qu'à
15 liv. 14 sols pour la premiere année de liberté [2] ce qui suppose à
16 liv. environ le prix commun du marché, qui est aujourd'hui à
15 liv. Cette augmentation qui seroit à peine d'un denier sur une
livre de pain, n'est sûrement pas capable d'allumer la sédition.

2°. Ce renchérissement insensible dans les dépenses des Ouvriers
et Journaliers, augmentera de plus des trois quarts le *produit net*
[165] de notre culture, puisque les Laboureurs qui ne vendent
aujourd'hui leurs bleds que 13 liv. 10 sols, sur quoi ils retirent
11 liv. 5 sols pour leurs reprises, trouveront alors à les débiter à
15 liv. 14 sols.

Dès-lors les Fermiers, qui, comme nous l'avons vu, partageront
ce bénéfice avec les Propriétaires, l'employeront à mesure en travaux et entreprises de culture, qui occuperont les Manouvriers de
la campagne trop oisifs aujourd'hui ; de même que les Propriétaires
par l'augmentation de leur dépense, suite indispensable de celle de
leur revenu, multiplieront le travail, et faciliteront la subsistance
des Ouvriers habitans dans les Villes [3].

Or le revenu et tous les travaux qu'il paye, (travaux si nécessaires
à un peuple que la misère *désœuvre*) étant augmentés des trois
quarts dès la premiere année de liberté, tandis que la dépense alimentaire des Ouvriers ne sera accrue que d'un dix-huitiéme dans
cette même année, il est clair que leur subsistance sera plus aisée,
qu'ils commenceront à goûter les prémices d'un sort infiniment pré-
férable à celui qu'ils ont aujourd'hui, et que l'espérance (qui sera
toujours facile à communiquer aux Français) de voir améliorer
leur situation, répondra de leur tranquillité. Ce n'est pas avec les
peuples contens que l'on fait les séditieux.

---

1. On a vu dans la Réponse précédente, dont l'Auteur m'est inconnu, que
*l'exportation de la vingtiéme partie de notre superflu exigeroit la construc-
tion de deux ou trois cens vaisseaux.* Rien n'est plus rassurant sans doute pour
ceux qui craignent les exportations excéssives.

2. Voyez encore le grand Tableau page [46] du Mémoire précédent.

3. Comme la vérité n'a qu'un langage, je suis forcé de me répéter ; je sens
bien cependant qu'il y a des choses assez claires pour ne devoir être dites
qu'une fois : mais est-ce ma faute si dans le nombre il se trouve des gens avec
lesquels il est indispensable de recommencer.

[166] On me dira peut-être, que *depuis que l'on jouit de la liberté intérieure, le pain a renchéri de trois liards par livre à Bordeaux, et qu'il y a eu une émeute populaire.*

J'ignore si ce fait que j'ai entendu conter à Paris est bien constaté ; on me permettra donc de proposer en réponse six questions.

1°. Y a-t-il eu à Bordeaux une émeute populaire ?

2°. Est-ce le renchérissement du pain qui a été cause de cette émeute ?

3°. Est-il vrai que le pain y soit renchéri de trois liards par livre ?

4°. Pour que le pain renchérisse de trois liards, il faut que le prix du septier de bled ait haussé de 8 liv. 5 sols au moins ; est-il vrai que dans la Guyenne il ait souffert cette augmentation ?

5°. Si le septier de bled n'est pas renchéri de 8 liv. 5 sols, n'aurait-il pas été facile à la Police d'empêcher le pain d'augmenter de trois liards par livre ?

6°. Un Tarif public, qui exprimerait quelle doit être la valeur de la livre de pain relativement à celle du septier de bled, ne suffirait-il pas à cet égard pour éviter tout monopole de la part des Boulangers ?

Toutes ces questions bien éclaircies, je suis plus que persuadé qu'il se trouverait que le septier de bled n'a pas augmenté en Guyenne de 8 liv. 5 sols, que le pain n'a pu conséquemment renchérir de trois liards par livre, que ce renchérissement impossible n'a pu causer une émeute populaire, et peut-être même qu'il n'y a point eu d'émeute.

[167] C'est une singuliere chose que cette crainte des séditions ; on a bien raison de dire que la peur ne raisonne point. La liberté de l'exportation ou de l'inportation des Grains peut, à la longue et par des gradations insensibles, faire renchérir les nôtres d'un écu par septier, c'est environ un liard sur la livre de pain, et l'on tremble que le Peuple se mutine. La prohibition au contraire qui décourage la culture, prépare la disette, dégoûte de la formation des Magasins, et ferme la porte au secours de l'Etranger, la prohibition qui expose une Nation à sentir tout-à-coup l'effet d'une mauvaise récolte, et moyennant laquelle il n'y a qu'un pas de la *misere de l'abondance* à celle du besoin, la prohibition qui voit et qui fait passer rapidement les bleds depuis moins de 10 liv. jusqu'à 25 et 30 liv. le septier, la prohibition n'excite point les allarmes, et l'on se repose de la tranquillité publique sur la Police et sur les Maréchaussées.

Ce renchérissement du pain est le grand argument des contradicteurs ; mais *les Nations ne subsistent pas de pain seulement,* dirait J. C. Le pain est la moindre chose dont il s'agisse ici ; nos Adver-

sairés ne verront-ils jamais que la puissance de l'État, l'impôt assuré
et non destructif, la dette publique, l'aisance et la félicité particuliere, que tout cela est le pain, et tient au renchérissement des bleds.
Raisonneurs compatissans, dont tous les regards vont se concentrer
dans un four, écoutez donc que des politiques qui ne voudraient
envisager que le pain, s'exposeraient bien-tôt à en manquer; son-
gez que si les grains sont à vil prix, vos [168] Fermiers ne pourront vous payer de revenus; que lorsque vous n'aurez point de
revenus, votre charité sera impuissante, il ne vous sera pas possible
de donner à ce peuple de l'ouvrage, ni par conséquent des salaires;
et que cette disette de travail et de salaire le mettra dans le cas de
ne pouvoir rien acheter, pas même du pain, et le forcera à mourir
de misere, à voler, à mendier, ou à émigrer.

TROISIEME QUESTION.

On a vu par l'éxamen des deux questions précédentes qu'il y
avait nécessité, et nécessité sans inconvénient, de donner à présent
la liberté entiere et absolue de l'exportation et de l'inportation des
Grains; mais quand les inconvéniens que l'on y a cherché seraient
aussi réels qu'ils sont imaginaires, seraient-ils une raison suffisante
pour retarder une opération *qui est de droit naturel* et qui *serait
pour la France une source inépuisable de richesses et de force?*
Sont-ils de nature à être parés par le retardement? Telle est notre
troisiéme Question.

Il n'a pas plû à l'Auteur de la Lettre que nous réfutons de la traiter, peut-être a-t-il senti que la proposer c'était la résoudre. Car
que craint-on? Les séditions, suite du renchérissement des bleds?
Mais dans dix ans comme aujourd'hui, l'éffet de la liberté du Commerce extérieur sera de renchérir le prix commun des bleds; et si
l'on suivait le conseil de l'auteur, il y aurait (selon sa façon de raisonner) une plus forte raison de redouter ce renchérisse[169]ment;
car alors la *multiplication des charrues et des défrichemens* aurait
redoublé l'avilissement des grains, et le prix des nôtres différerait
encore plus qu'il ne fait de celui du marché général, ce qui l'expo-
serait donc à une plus grande variation que celle qu'il peut essuyer
aujourd'hui. La difficulté (si tant est qu'il y en eût une, car actuellement nos contradicteurs appellent ainsi la nécessité préssante) la
difficulté augmenterait donc, bien loin de diminuer par le retardement. *Mais alors on aurait pris des mesures. . . .* et qui empêche
d'en prendre? *On aurait fait des maqasins. . . .* Non, on ne fera
point de magasins en France tant que l'on n'aura pas la liberté de

l'exportation. On sçait que le Royaume est trop fertile pour se hasarder à former des magasins coûteux, que plusieurs bonnes années de suite peuvent forcer à se consumer en frais, et qui se trouveraient enfin trop renchéris par la garde, pour pouvoir soutenir la concurrence des grains étrangers quand le moment du débit serait venu ; d'ailleurs il ne faut pas s'imaginer que ces magasins que la liberté du Commerce encouragera et fera nécessairement former de toutes parts, soient principalement faits avec l'argent des Français ; l'argent est trop rare chez nous [1], et son intérêt trop haut, pour que les [170] grandes entreprises du Commerce rural ayent beaucoup de

---

1. L'Auteur de la Lettre que nous éxaminons, avance, il est vrai, qu'il y a 1,700 millions d'argent monnoyé en France. Il ignore sans doute ce que tout le monde commence à sçavoir, c'est que l'argent monnoyé étant une chose que l'on ne peut se procurer qu'en donnant une autre chose de valeur égale en échange, il n'est pas possible qu'il y en ait chez une Nation pour une plus grande somme que celle à laquelle se monte le revenu de ses biens-fonds. Il n'a pas réfléchi que les Cultivateurs étant les seuls hommes qui reçussent tous les ans de la nature une certaine quantité de richesses nouvelles et non achetées, il fallait nécessairement que tout le pécule de la Nation leur repassât annuellement entre les mains par la vente de leurs denrées ; que ce pécule rentrait de leurs mains dans la Société par le payement des fermages et des impôsitions ; que les Propriétaires, et les Gagistes du Gouvernement qui vivent sur l'impôt versaient par leur dépense ce pécule, partie sur les Cultivateurs, et partie sur les Artisans, Marchands et Ouvriers de toute espéce, qui ne possédant aucun autre bien que leurs bras et leur industrie, ne peuvent avoir d'argent que par le salaire qu'ils reçoivent des propriétaires du revenu ; que ces propriéraires ne peuvent pas donner de salaires, et par conséquent répandre d'argent dans le commerce et la circulation, pour une somme plus forte que celle qu'ils ont reçue de leurs Fermiers, vû que l'argent ne croît pas dans leur poche ; et que les Fermiers enx-mêmes n'en ont pu recevoir, et par conséquent donner pour une somme plus grande que celle de la valeur des productions qu'ils ont vendues : qu'en calculant donc les ventes annuelles des Fermiers, on aura toujours la somme à laquelle se monte en total l'argent monnoyé du Royaume. A côté de ces combinaisons solides et incontestables, les relevés de ce qui se fabrique aux Hôtels des Monnoies, et de ce qu'on appelle l'appoint de la balance du Commerce, sont d'une bien petite autorité ; attendu que l'on ne tient point registre de la contrebande, ni de ce que nos Officiers versent dans le pays étranger en tems de guerre, ni de, etc.

La ressource de dire, *il y a des thésauriseurs et de l'argent qui dort*, est une ressource pitoyable ; s'il y avait dans le Royaume plus de 1.200 millions à dormir, l'intérêt de l'argent serait bien autrement bas qu'il n'est. Tous nos riches se rassemblent dans la Capitale ; pour peu qu'on les ait fréquenté, on n'est que trop sûr qu'ils ne thésaurisent point ; et quand quelques-uns d'eux le feraient, cela ne mettrait en compte qu'une bagatelle bien médiocre et bien passagére, le goût d'amasser des trésors ne durant jamais deux générations, tandis que celui de les dépenser passe de pere en fils. Enfin partant du grand principe, qui est de calculer le produit des terres pour juger de la somme du pécule, on verra que les 1,700 millions d'argent monnoyé existent à peine en Europe.

Voyez le *Tableau œconomique* et la *Philosophie rurale*.

charmes à nos yeux. Nous sommes encore un peu blâsés par ce commerce illusoire qu'on appelle *agiot* ; et quoique les esprits se disposent assez généralement à en revenir, on peut compter que du moins dans les commencemens ce seront nos voisins qui, plus exercés que nous aux combinaisons du Commerce, feront chez nous la plus grande [171] partie des magasins de notre propre denrée [1]. C'est ainsi que la liberté de l'exportation et de l'inportation des Grains attirera l'argent de l'Étranger, pour vivifier nos champs et ranimer notre culture par l'achat des bleds que nous exporterons, et encore par l'achat d'une partie de ceux que nous n'exporterons point. Mais nos voisins ne s'engageront dans cette opération si utile pour nous, que lorsqu'ils [172] verront que la liberté du débit est sûre, et que les magasins peuvent par conséquent procurer quelque gain à ceux qui les formeraient. La séconde ressource des magasins nombreux et considérables reculera donc, ainsi que l'époque de la liberté extérieure ; on fera comme on a fait jusqu'à présént, le Fermier un peu aisé gardera ses grains tant qu'il pourra, le Cultivateur indigent vendra sur le champ et à bas prix, et quand il s'agira enfin de donner cette liberté, de l'utilité et de l'impor-portance de laquelle on convient aujourd'hui, on en reviendra encore à la crainte du renchérissement et des séditions,

Il n'est pas étonnant que ces observations ayent échappé à nos contradicteurs, leur logique est d'une espéce peu commune, et la meilleure maniere de les réfuter serait peut-être de rapprocher leurs principes de leurs conclusions : éssayons.

Nous ne pouvons, disent-ils, sans courir risque de la disette, *faire sortir chaque année que* la quantité de grains suffisante *pour trois mois de nourriture* [2] ; (c'est environ neuf millions de septiers) donc nous devons redouter une liberté qui enleverait peut-être à présent un million de septiers, et qui dans la suite en pourrait faire exporter jusqu'à deux ou trois millions tous les ans.

La Nation est vive, pétulante, peu réfléchie, aisée à allarmer, on peut en craindre des séditions si le pain venoit à renchérir ; donc *il faut interdire toute entrée aux grains, aux farines étrangeres* [3].

---

1. Cette observation ne doit point nous alarmer. Si les Etrangers font des magasins de bled chez nous, ce sera dans la vue d'y trouver leur intérêt ; cet intérêt nous répondra donc que lorsqu'ils y verront du bénéfice ils vendront ; et qu'ils n'exporteront que lorsque l'abondance tiendra le bled chez nous à plus bas prix que chez les autres peuples, de tout le profit que les Magasineurs y voudront faire, et encore de tous les frais de transport ; car ils nous vendront toujours de préférence à prix égal et même inférieur, pour ménager ces frais.

2. Voyez la Lettre ci-dessus, page [133], lig. 27. [page 60, ligne 12].

3. Voyez même Lett. p. **134**, lig. 17, et p. 137, l. 26. [page 60, ligne 29 et page 62, ligne 23].

[173] Comme *les Anglais ont cinquante ou soixante ans d'avance sur nous*, notre Commerce en grains ne pourra de long-tems égaler le leur [1] ; donc nous devons le retarder encore.

Notre Commerce sera d'abord languissant et faible, nos correspondances, *nos transports et nos communications seront dans les commencemens peu rapides et mal établis* [2] ; donc il ne faut pas lever toutes écluses crainte d'épuisement ; donc aussi *nous devons défendre l'inportation des grains étrangers* crainte de surabondance.

Nous avons *par an neuf millions de septiers de grains superflus* [3] qui s'accumulent depuis très-long-tems, et qui causent l'avilissement du prix de cette denrée ; donc *il faut* se garder encore d'en laisser sortir, donc *il faut multiplier les charrues et les défrichemens*, etc. etc. etc.

Quoique ces sortes d'inconséquences fourmillent dans la Lettre que nous venons d'éxaminer, nous devons quelques louanges à l'Auteur ; il faut convenir qu'il a employé dans cette occasion tout l'art et tout le talent imaginables ; il a rendu ses objections aussi spécieuses qu'il soit possible, mais ce n'est pas sa faute si l'on ne sçaurait défendre une mauvaise cause avec de bonnes raisons.

---

1. Même Lettre, page [132], lig. 13 [page 59 ligne 20].
2. Même Lettre, page [136] [page 61].
3. Même Lettre, page [133], lig. 27, et page 139 [page 60 ligne 12 et page 63].

APPROBATION

Je soussigné, Lieutenant Général au Bailliage de Soissons, et Censeur de la Société Royale d'Agriculture de Soissons, ai lû le Mémoire de M. Du Pont. Associé de notre Bureau, sur *l'Exportation et l'Inportation des Grains*, et n'y ai rien trouvé qui puisse en empêcher l'impréssion. A Soissons ce 27 Février 1764.

CHARPENTIER.

PRIVILEGE DU ROI.

LOUIS, par la grace de Dieu, Roi de France et de Navarre, à nos amés et féaux Conseillers les Gens tenans nos Cours de Parlement, Maîtres des Requêtes Ordinaires de notre Hôtel, Grand-Conseil, Prévôt de Paris, Baillifs, Sénéchaux, leurs Lieutenans Civils, et autres nos Justiciers qu'il appartiendra, Salut. Notre amé le Sieur Breton, Secrétaire perpétuel de la Société d'Agriculture de Soissons, Nous a fait exposer qu'il auroit besoin de nos Lettres de Privilege, pour l'impression des Ouvrages de ladite Société. A ces causes, voulant favorablement traiter l'Exposant, Nous lui avons permis et permettons par ces Présentes, de faire imprimer par tel Imprimeur qu'il voudra choisir, tous les Ouvrages que ladite Société voudra faire imprimer en son nom, en tels volumes, forme, marge, caracteres, conjointement ou séparément, et autant de fois que bon lui semblera, et de la faire vendre et débiter par tout notre Royaume, pendant le tems de six années consécutives, à compter du jour de la date des Présentes ; sans toutefois qu'à l'occasion desdits ouvrages il puisse en être imprimé d'autres qui ne soient pas de ladite Société. Faisons défenses à tous Imprimeurs, Libraires et autres personnes de quelque qualité et condition qu'elles soient, d'en introduire d'impression étrangere dans aucun lieu de notre obéissance, comme aussi d'imprimer ou faire imprimer, vendre, faire vendre et débiter lesdits ouvrages, en tout ou en partie, ni d'en faire aucune traduction ou extrait, sous quelque prétexte que ce puisse être, sans la permission expresse et par écrit dudit Exposant, ou de ceux qui auront droit de lui, à peine de confiscation des Exemplaires contrefaits, de trois mille livres d'amende contre chacun des contrevenans, dont un tiers à Nous, un tiers à l'Hôtel-Dieu de Paris, et l'autre tiers audit Exposant ou à celui qui aura droit de lui, et de tous dépens, dommages et intérêts ; à la charge que ces Présentes seront enregistrées tout au long sur le Registre de la Communauté des Imprimeurs et Libraires de Paris dans trois mois de la date d'icelles, que l'impression desdits ouvrages sera faite dans notre Royaume et non ailleurs, en bon papier et beaux caracteres, conformément aux Réglemens de la Librairie ; qu'avant de les exposer en vente, les manuscrits ou imprimés qui auront servi de copie à l'impression desdits ouvrages, seront remis dans le même état où l'Approbation y aura été donnée ès mains de notre très-cher et féal Chevalier Chancelier de France. le sieur de Lamoignon, et qu'il en sera remis ensuite deux Exemplaires de chacun dans notre Bibliotheque publique, un dans celle de notre Château du Louvre, un dans celle dudit sieur de Lamoignon, et un dans celle de notre très-cher et féal Chevalier Garde des Sceaux de France, le sieur Feideau de Brou, le tout à peine de nullité dés Présentes : du contenu desquelles vous mandons et enjoignons de faire jouir ledit Exposant et ses ayans cause pleinement et paisiblement, sans souffrir qu'il leur soit fait aucun trouble ou empêchement. Voulons que la copie des Présentes, qui sera imprimée au long au commencement ou à la fin desdits ouvrages, soit tenue pour dûement signifiée, et qu'aux copies collationnées par un de nos amés et féaux Conseillers-Secrétaires foi soit ajoutée comme à l'original. Commandons au premier notre Huissier ou Sergent sur ce requis, de faire pour l'exécution d'icelles tous actes requis et nécessaires sans demander autre permission, et nonobstant clameur de Haro, Charte Normande et Lettres à ce contraires : car tel est notre plaisir. Donné à Paris le trente-uniéme jour du mois d'Août, l'an de grace mil sept cens soixante-trois, et de notre Regne le quarante-neuviéme.

Par le Roi en son Conseil. LE BEGUE,

Registré sur le Registre IV de la Chambre Royale et Syndicale des Libraires et Imprimeurs de Paris, N°. 1109, Fol. 463, conformément au Réglement de 1723, qui fait défenses, Art. 41, à toutes personnes, de quelque qualité et condition qu'elles soient, autres que les Libraires et Imprimeurs, de vendre, débiter, faire afficher aucuns Livres pour les vendre en leur nom, soit qu'ils s'en disent les Auteurs ou autrement, et à la charge de fournir à la susdite Chambre neuf Exemplaires prescrits par l'article 108 du même Réglement. A Paris ce 26 Septembre 1763.

LE CLERC, Adjoint.

LOUIS-PAUL ABEILLE

LETTRE D'UN NÉGOCIANT

SUR LA

NATURE DU COMMERCE DES GRAINS

1763

RÉFLEXIONS

SUR LA

POLICE DES GRAINS EN FRANCE ET EN ANGLETERRE

1764

LETTRE D'UN NÉGOCIANT

Sur la nature du commerce des Grains.

1763

NE soyez point déconcerté, MONSIEUR, par les nouvelles qu'on dit avoir reçues de Naples et de Palerme (a). Croyez pour l'honneur de l'humanité qu'elles ne se confirmeront pas. L'esprit d'administration et de commerce, n'est point le patrimoine exclusif des Etats septentrionaux de l'Europe. Il se répand par-tout. Il faudroit donc une autorité plus imposante qu'un article de Gazette pour me persuader que la sortie des blés est défendue à Naples et en Sicile. Quelques réflexions suffiront, je l'espère, pour vous rendre ces nouvelles très suspectes.

[2] Quand il seroit bien constaté que les recoltes ont été médiocres, ou même mauvaises dans ces deux Royaumes, seroit-il bien-séant de supposer que les personnes qui y sont chargées de l'administration, ont plus mal raisonné que ne le feroit le plus petit novice de Londres ou d'Amsterdam ? Est-il possible de croire que des hommes d'État se soient dit : « Nous avons trop peu de blé pour subsister jusqu'à la récolte prochaine, il faut donc le conserver, et pour cet effet, en interdire la sortie. Les Particuliers à qui il appartient,

---

De Naples, le 27 Août 1763.

a) La disette de blé qui se fait ressentir depuis quelques temps dans cette Capitale, a engagé le Conseil de Régence à rendre plusieurs Règlements, dont l'objet est d'empêcher l'exportation des grains dans le Pays étranger, et de connoître la quantité de blé, d'orge et d'avoine que peuvent produire les Provinces. Tous les Propriétaires de fonds, sans exception, sont obligés de donner une déclaration exacte de tous les grains qu'ils ont recueilli cette année, ainsi que de ceux qui leur restoient des récoltes précédentes (*Gaz. de France, 1763, N° 75.*)

De Palerme, le 12 Août 1763.

La récolte n'ayant pas répondu aux espérances que donnoit la beauté des campagnes de cette Isle, le Gouvernement s'est déterminé à defendre la sortie du blé et des légumes (N° 76).

voyant l'impossibilité de le vendre au dehors, le porteront au marché ; par conséquent il ne montera pas à trop haut prix. L'Étranger qui saura que la sortie est défendue, en conclura que le blé nous manque, et nous en apportera de toutes parts. Lorsque son blé sera entré dans nos Ports, il ne pourra plus en sortir : il faudra donc que l'Étranger le vende à très bas prix, non seulement parcequ'il y en aura beaucoup, mais encore par la crainte de le voir dépérir malgré les dépenses qu'on feroit pour le conserver. L'abondance et le bas prix seront donc le fruit de la prohibition de la sortie ».

Tout homme éclairé par les simples lumières du bons sens et de l'expérience, leur eût répondu : Ne vous tourmentez point pour retenir une denrée qu'une barrière insurmontable empêchera de sortir. Vous avez trop peu de blé ; donc il est cher ; donc la sortie en est impossible. Votre Règlement prohibitif ne serviroit qu'à le faire renchérir encore, parce qu'il avertiroit le Peuple qu'on est à la veille d'une disette, et qu'un [3] avis de cette espèce augmente la frayeur, et par conséquent le mal. Ceux qui ont des grains les resserreront par deux raisons ; l'une pour s'assurer leur propre subsistance, l'autre pour faire plus de profit sur l'excédent. Vous ferez faire, dites-vous, des déclarations. Elles seront toutes infidelles, sur-tout celles des Ecclesiastiques qui abondent parmi vous en nombre et en richesses. Personne ne préfère la sincérité à sa subsistance et à ses intérêts. Enfoncerez-vous les greniers qui ne vous auront pas été déclarés ? Soyez-sûrs que vous n'en découvririez qu'une partie. Ainsi après avoir jetté tous les Propriétaires dans l'effroi et dans la crainte, sentiments si voisins de la haine et du desespoir, il s'en trouvera beaucoup envers qui vous deviendrez injustes. Ceux dont vous aurez découvert les greniers cachés, se verront dépouillés, tandis que d'autres retireront tout le fruit de l'inutilité de vos recherches. Vous avez raison de prévoir que l'Étranger s'appercevra que vous manquez de grains ; mais soyez sûrs qu'il se gardera bien d'apporter les siens dans l'*Antre du lion*. Le piège est si grossier, qu'on masque avec plus d'adresse ceux qui servent à tromper et à prendre des animaux. Qu'arrivera-t-il donc, si vous défendez la sortie des grains, et si vous exigez des déclarations de la part de ceux qui en ont ? Vous indisposerez contre l'administration deux classes d'hommes qu'on ne peut trop ménager et respecter, les Cultivateurs et les Propriétaires. D'un autre côté, vous échaufferez et enhardirez le petit peuple, qu'il est si important et si difficile de contenir. Accoutumé à regarder ceux qui gouver[4]nent, comme mieux instruits, la terreur le saisira, si vous lui montrez votre inquiétude; et la terreur éteignant la raison dans toutes les têtes où elle pénètre, il vous est impossible de prévoir à quels excès se porteront les hommes qui en seront frappés. Il arrivera enfin, qu'après avoir inutilement attendu des secours étrangers, tandis que la consommation journalière épuisera le foible produit de vos récoltes, vous ferez acheter dans les marchés étrangers, (pour votre compte et avec de doubles frais de commission), des blés qu'on vous eût apportés en abondance, et par conséquent à un prix médiocre, si vous aviez fait entrer dans votre politique moins de cette finesse qui détruit, que de cette intelligence qui vivifie.

Voilà, Monsieur, l'instruction que dicteroient la droite raison et l'expérience. S'il restoit quelque difficulté à ceux qui respectent encore les liens des préjugés, il me semble qu'avec un peu de réflexion, ils trouveroient d'eux-mêmes les principes qui s'élèvent contre les mesures qu'on dit avoir été prises à Naples et à Palerme pour empêcher la disette.

La disette, c'est-à-dire l'insuffisance *actuelle* de la quantité de grains nécessaire pour faire subsister une Nation, est évidemment une chimere. Il faudroit que la récolte eût été *nulle*, en prenant ce terme en toute rigueur. Nous n'avons vu aucun Peuple que la faim ait fait disparoître de dessus la terre, même en 1709. Il est possible que la récolte d'une année ne soit suffisante que pour six mois. Alors, si la peur et les règlements prohibitifs qui l'augmentent, n'ar[5]rêtoient point la vente des grains, on auroit pour six mois de subsistances; et l'intervalle de six mois est beaucoup plus que suffisant pour obtenir tous les secours dont on peut avoir besoin. Il est possible aussi qu'avec des approvisionnements pour six mois, la seule frayeur du Peuple fasse monter la denrée au même prix que si la disette étoit réelle, et que des têtes échauffées se montent par degrés jusqu'à imaginer que la famine est inévitable. Mais comme il est évident que ce n'est pas le défaut actuel de grains qui cause ces désordres, c'est à la sagesse de l'administration à tâcher de prévenir, au lieu de le fortifier, un délire si funeste et si destitué de fondement; je soutiens que des prohibitions ne peuvent que l'augmenter. Examinons avec quelque détail la liaison de ces causes avec leurs effets.

A quoi connoît-on, dès le temps de la récolte, qu'une Nation n'a pas assez recueilli de blé pour subsister pendant une année? C'est au surhaussement de prix de cette denrée; et voici la cause de ce sur-haussement: Chaque particulier compare le produit actuel de sa moisson avec le produit ordinaire. S'il voit que ce qu'il a recueilli est moindre de moitié, il en conclut que chacun étant dans le même cas, on n'aura de blé que pour six mois. Je dis *pour six mois*, parce qu'on sait que la récolte annuelle en Europe répond à peu près à ce que consomment les Nations agricoles, et à ce qu'elles versent par leur commerce chez les Nations qui habituellement manquent de grains, ou qui, par quelque accident ne se trouvent pas suffisam-ment pourvues. Sans cette proportion entre la produc[6]tion et la consommation, que feroit-on du blé? Que deviendraient les Culti-vateurs et les Propriétaires, si une denrée qui renaît tous les ans, dont la conservation est difficile, dispendieuse, ne se consommoit pas annuellement? Dès qu'il est reconnu qu'on n'a de blé que pour six mois, chacun sent que la moitié des subsistances de l'année sera fournie par l'Étranger; mais le Propriétaire sait bien que le blé étranger ne viendra pas dans l'instant même remplir le vuide des greniers. Il comprendra donc qu'il ne doit pas se hâter de vendre, afin de profiter du temps pendant lequel les grains monteront au dessus du prix qu'ils ont par-tout ailleurs.

Le prix du blé augmente et même d'assez bonne heure, parce qu'il n'entre dans le commerce journalier que la petite quantité de grains que les Laboureurs et les Propriétaires peu aisés sont forcés de vendre. Plus le blé devient rare au marché, plus il devient cher; et il n'y a que l'importation du blé étranger qui puisse y remédier, non seulement en rendant la denrée plus commune, mais en faisant ouvrir les greniers. Jusques-là les Fermiers et les Propriétaires aisés vendent peu, ou même ne vendent point du tout : en sorte que le Peuple et le Magistrat même s'allarment, quoiqu'en effet le pays soit pourvu de blé pour plusieurs mois.

Puisque l'augmentation du prix du blé avertit, non point du besoin réel et actuel, mais du besoin futur, le Gouvernement doit choisir entre la prohibition ou la liberté du commerce, pour attirer des approvisionnements avant le temps où le besoin serait réel et actuel. Si la prohibition [7] augmentait la quantité de blé qui est dans un Etat, on pourrait la regarder comme son remède salutaire. Mais elle n'ajoute pas un seul grain de blé à celui qui a été recueilli;

le vuide des greniers reste le même. Il est vrai qu'elle retient dans le pays le peu de blé qui y est; mais outre que le haut prix suffirait pour l'y retenir, il ne faut pas perdre de vue que la prohibition en elle-même est un mal, parce qu'elle cause un vuide apparent qui équivaut à une diminution de la masse des denrées. Les greniers se ferment, et un grenier fermé ne contribue en rien à la subsistance. On ne doit donc adopter le parti de la prohibition, qu'au cas qu'elle devienne favorable par quelqu'autre côté.

Il faut nécessairement dans un pays qui n'a de grains que pour six mois, une addition égale à la quantité recueillie et il n'y a que l'Étranger qui puisse la fournir. Si la prohibition de la sortie est un moyen d'attirer l'Étranger, on doit en faire usage, puisqu'il n'y a que ses grains qui puissent remplir le vuide réel des greniers et faire disparaître le vuide apparent. Jugeons par les circonstances, par la matiere des choses, et par la connaissance du cœur humain, si des commerçans indépendans d'un Souverain qui empêcheroit la sortie de ses Ports, auroient du penchant à y verser les denrées dont ses sujets ont besoin.

Je vois clairement que l'intérêt sera l'unique moteur de ces Commerçans étrangers. Ils apprennent que le blé manque dans un pays; que par conséquent il s'y vend facilement et à bon prix; dès ce moment toutes leurs spéculations [8] sont faites : c'est là qu'il faut envoyer du grain, et l'envoyer promptement, afin de profiter du temps où la vente est favorable. Mais tout Commerçant ignore combien les differents Peuples et même les différentes Villes lui donnent de concurrens, et combien chacun de ces concurrens en particulier fera passer de grains dans le pays où il manque. Il doit donc prévoir que le désir de gagner multipliera les spéculations semblables aux siennes ; que par conséquent l'abondance et le bas prix du grain succéderont vraisemblablement au besoin et au bon prix. Mais il lui reste un motif pour se placer entre les risques de la perte ou du profit; c'est l'espérance de vendre ailleurs à un prix raisonnable une denrée que la concurrence ferait tomber au dessous de sa vraie valeur.

Si dans ce moment on l'avertit que le Port où il compte envoyer sa denrée, sera fermé dès qu'elle y sera entrée ; qu'il sera forcé de l'y laisser dépérir, ou de la vendre à très bas prix ; il ne verra plus d'un côté qu'un bénéfice incertain puisqu'il dépend du cas où il arriveroit seul, ou presque seul; et d'un autre côté qu'une perte presque

nécessaire au cas qu'il arrivât d'autres Negociants qui, comme

lui, seraient dans la nécessité de vendre une denrée devenue sura-
bondante. Sous ce point de vue, qui certainement ne peut échapper
à aucun Commerçant, il n'y a personne qui ne comprenne que l'effet
infaillible de la prohibition sera d'éloigner le blé étranger. D'où l'é-
loignera-t-on ? D'un pays dans lequel il est de la dernière importance de l'attirer, puisqu'on n'en a que pour [9] quelques mois. Il
est donc très évident que la prohibition, de quelque façon qu'on
envisage ses effets, ne peut remédier au mal. 1° Parce qu'elle fait
fermer les greniers, et par là dégarnit les marchés, et rend la denrée plus rare et plus chère. 2° Parce qu'elle repousse l'Étranger,
qui seul pourrait fournir ce qui manque, faire ouvrir les greniers,
et ramener au prix toujours vrai et juste qu'établit la concurrence,
le prix excessif, occasionné par le petit nombre de vendeurs, et par
la crainte de manquer de subsistance.

J'avoue que je ne vois pas ce que l'homme de l'esprit le plus délié
pourrait imaginer pour se rassurer contre des inconvénients si
grands, et résultant si clairement du système de la prohibition.
Mais pour ne pas s'engager aveuglément dans le système opposé,
examinons dans le même détail, et en suivant la même méthode, ce
que l'Administration obtiendroit d'une entière liberté qu'elle laisse-
roit subsister, ou qu'elle établiroit dans le commerce des grains.

Les malheurs du premier moment, quelque parti qu'on prenne,
sont clairement inévitables. Rien ne peut faire qu'une Nation qui
n'a de blé que pour six mois, en ait pour une année entière. Ainsi
la liberté du commerce des grains n'ajouteroit rien à la quantité des grains qu'on auroit recueillie ; mais certainement qu'elle ne
la diminueroit pas, parce que rien n'est si propre à retenir une
denrée dans un pays que le bon prix qu'en retirent les vendeurs. Il
est vrai que la liberté n'empêcheroit pas le prix du marché de se
soutenir ; mais loin de l'augmenter, elle pourroit peut-être contribuer à le faire baisser, [10] parce qu'elle menacerait continuellement de la concurrence des étrangers, et que ceux qui ont des concurrens à craindre doivent se hâter de vendre, et par conséquent
borner leurs profits, pour ne pas courir les risques d'être forcés de
se contenter de moindres profits encore. A l'égard des maux prévus
pour le temps où toute la récolte se trouveroit consommée, voici ce
que produiroit infailliblement la liberté.

Le desir du gain fait resserer le blé dans les pays où les recoltes
ont été faibles. C'est aussi le desir du gain qui fait apporter le blé

étranger. Ainsi on n'avance point un paradoxe en assurant que l'annonce d'une disette produit nécessairement l'abondance. C'est uniquement de l'intérêt qui fait rouler toute la machine du commerce, qu'on doit attendre un effet si salutaire : tout autre motif de confiance serait illusoire. Nous avons deja vu par quels motifs et comment les spéculations du commerce se dirigent vers les lieux où les récoltes ont été insuffisantes ; nous avons expliqué comment la multitude des Spéculateurs, et l'impossibilité du concert entr' eux, opéroit necessairement des versements de grains toujours supérieurs au besoin. Tout se réduit donc à cet axiome : le commerce cherche des lieux où la marchandise se vend bien ; il ne fuit que ceux où elle se vend à perte.

Mais, dira-t-on, cette abondance, et par conséquent cette diminution de prix, doit être aussi connue des Négocians, que le danger d'entrer dans un Port fermé. Ils doivent donc fuir les lieux où le blé manque, puisqu'ils savent que les spéculations se tourneront de ce côté-là, [11] et que par conséquent le blé s'y vendra à bon marché.

L'expérience suffiroit pour résoudre cette objection. Mais pour calmer les esprits par des moyens plus développés que la simple allégation de l'expérience, voyons ce qui attire la denrée dans les lieux où elle manque, sans que les Négocians soient arrêtés par la certitude qu'elle baissera de prix.

Un Négociant qui connaît le besoin d'un pays, se hâte d'y envoyer, parce qu'il espère d'y arriver un des premiers, et qu'il désire de profiter de l'addition de bénéfice qui est infaillible partout où les moissons n'ont pas été abondantes. Cependant il ne compte proprement que sur une vente ordinaire, c'est-à-dire accompagnée d'un profit courant ; c'est tout ce qu'il faut pour l'attirer. Il se ruineroit s'il ne vendoit pas au prix commun une denrée qui renaît chaque année, et dont la conservation coûte fort cher. Il fait que ce prix commun s'établit de lui-même, dans tous les marchés ouverts de l'Europe, que ce prix ne varie que de fort peu de chose ; et seulement à raison de l'éloignement des Ports qu'il s'agit de munir. Il sait donc que quand tous les Négocians d'Europe enverroient du blé à Naples, il y auroit une petite fortune à faire pour les plus diligens ; mais aucune perte à craindre pour ceux qui arriveroient les derniers ; parce que sans concert, sans intelligence entre les vendeurs, la denrée se soutient au prix de tous les autres marchés. Ce seroit une perte volontaire, que de vendre au-dessous de ce prix, et aucun Marchand ne veut perdre.

[12] En supposant donc que le blé doive se vendre vingt livres le septier, pour que le vendeur retire les bénéfices ordinaires du commerce, il est évident que les Napolitains ne pourront l'obtenir dans leur Port qu'à peu près sur le pied de vingt livres le septier, quelque nombreux que soient les envois qu'on leur aura faits. Si les Habitans, contre toute apparence, contre toute raison, s'obstinaient à n'en offrir que dix-huit livres, le Negociant prendrait son parti ; il feroit passer les blés à Lisbonne, à Marseille, à Gênes, etc. où il seroit sûr de les vendre à leur vrai prix. Ainsi n'y ayant aucun risque pour le commerce, lorsqu'il envoie des grains dans un Port dont la sortie est libre, il les y fera passer au moment qu'il apprendra que les grains y manquent. Il mettra même dans son expédition toute la célérité possible, par ce que s'il n'a rien à perdre en arrivant le dernier, il a beaucoup à gagner s'il peut arriver des premiers.

Mais on peut aller plus loin pour rassurer les Peuples qui manquent de subsistances ; car non seulement ils seront secourus promptement et abondamment dès que le commerce en sera instruit, mais encore ils sont sûrs d'obtenir les grains à quelque chose de moins que les autres, par une raison aisée à sentir, et qui s'accorde avec l'expérience. Supposons que le mauvais état de la récolte ait fait monter le prix des blés à trente livres le septier, tandis qu'il ne se vend ailleurs que vingt livres ; il est certain qu'à mesure que les secours arriveront, le grain national et le grain étranger entrant en concurrence, [13] diminueront de prix jusqu'à ce qu'ils soient tombés à vingt livres. Si dans cet état il survient de nouveaux vendeurs, combien ne s'on trouvera-t-il pas qui aimeront mieux livrer leurs blés à Naples sur le pié de dix-neuf livres le septier, que d'aller chercher un autre port où il se vendroit vingt livres ?

Dans l'instant le blé national tomberoit lui-même à dix-neuf francs. La réduction de prix qu'opéreroit la concurrence ne finiroit qu'au point où cesseroient les profits du vendeur. Alors il iroit porter sa denrée dans un autre marché. Quel intérêt auroit-on à le retenir à Naples ? Interdire la sortie d'une denrée tombée au dessous de sa valeur, ce seroit une injustice évidente, et de plus une faute majeure en politique. Car le même acte de violence qui feroit baisser le prix du grain étranger au-dessous de vingt livres le septier, feroit baisser au même point le grain national ; et l'on sait que le moyen le plus sûr de ruiner un Etat, c'est de faire tomber ses denrées à vil prix ! Que deviennent alors les Cultivateurs et les Propriétaires, ces hommes sans lesquels les mots d'*Etat* et d'*administration* ne seroient que des sons dépouillés du sens qu'on doit y attacher?

J'ai dit qu'il me paraissoit impossible de trouver de bonnes raisons pour se rassurer contre le péril qu'augmentent les prohibitions de sortie ; il me paroît aussi impossible d'en trouver contre la sécurité qu'inspire l'entière liberté du commerce des grains.

Remarquez, Monsieur, qu'ici le désordre naît de ce que l'administration porte la main à des objets qui, à certains égards, sont au-dessous, [14] et à d'autres égards au-dessus d'elle. Il est au-dessous d'elle de visiter tous les greniers, de peser chaque boisseau de blé, de le mettre en sequestre, de se rendre en quelque sorte l'homme d'affaire de chaque Particulier. D'un autre côté, il est au-dessus de son pouvoir d'asservir des Nations indépendantes aux règles de sa police domestique. Le prix commun qui s'établit par le versement des denrées des lieux où elles abondent, dans ceux où elles manquent, n'est et ne peut être le fruit d'aucune administration. C'est l'ouvrage de l'interêt, ou si l'on veut du commerce ; et un Commerçant d'Amsterdam ou de Hambourg ne veut pas qu'on le mette aux fers dans le Port de Naples. La liberté, lorsqu'elle est générale, établit un niveau général dans le prix des grains ; au lieu que l'administration ne peut rien hors de son territoire, et qu'il lui est physiquement impossible de participer au niveau général, dès qu'elle élève une digue entr'elle et les Nations libres. On doit donc laisser agir le commerce, si on veut ne manquer de rien. Il est sans comparaison plus vigilant, plus actif, plus riche, plus fécond en ressources, que l'administration de quelque Royaume que ce soit. L'administration qui veut tout régler, même les intérêts du commerce des Étrangers, devient inquiète et embarrassée, lorsqu'elle prévoit une disette ; le commerce au contraire n'est jamais moins inquiet, moins embarrassé, que quand il s'ouvre une route pour ses ventes. C'est donc au commerce, et au commerce seul qu'il faut abandonner le soin d'approvisionner les lieux dégarnis.

[15] Pendant les plus violentes ardeurs de l'été, personne n'ignore que six mois après on aura besoin de bois, de drap, de velours, de fourrures. L'administration empêche-t-elle la sortie de

ce qu'il y en a dans le Royaume ? S'inquiete-t'elle sur les moyens d'en avoir suffisamment, lorsque le temps d'en faire usage sera venu ? Non.

L'administration et les Consommateurs se reposent sur l'intérêt des Marchands du soin de nous garantir des rigueurs de l'hiver. Et il se trouve en effet que le bois, le drap, le velours, les fourrures sont arrivés avant que le besoin se soit fait sentir.

Choisissons un exemple plus rapproché de la question que nous examinons. Supposons qu'une personne qui demeure à la campagne soit avertie qu'elle n'a du pain que pour vingt-quatre heures. Quelle inquiétude peut-elle avoir, si elle n'est éloignée que de quelques lieues d'une Ville dont les marchés sont bien garnis? L'administration et les Habitans d'un pays peuvent jouir de la même tranquillité, s'ils ont du blé pour six et même pour trois mois; parce qu'annuellement l'Europe est en état de pourvoir a tous les besoins, et que les Pourvoyeurs, c'est-à-dire les commerçans, attendent avec la plus grande impatience l'occasion de vendre. Ils vont promptement et par-tout où ils savent qu'on ne leur tend pas de pièges.

Il entre donc dans la nature des choses d'éprouver des disettes par-tout où la sortie des Ports est interdite, et de n'en éprouver jamais partout où les Ports sont continuellement ouverts. Dans le cas de disette ou d'insuffisance, [16] il est évident qu'il faudrait périr, si on ne recevoit pas de secours étrangers. Il devient donc indispensable d'ouvrir les ports aux Étrangers, et de les rassurer contre toute crainte d'y demeurer emprisonnés. Un malade en péril ne doit pas menacer quiconque lui apportera des remèdes.

Ce que j'ai dit jusqu'à présent, Monsieur, ne tend qu'à faire voir que l'avantage d'avoir une subsistance suffisante et au même prix que les autres Nations, dépend uniquement de la liberté du commerce des grains. Il semble que c'est assez pour proscrire à jamais les loix prohibitives. Mais si vous examinez de plus les maux qu'on évite en proscrivant ces odieuses loix, que penserez-vous de la politique qu'on suppose à l'administration de Naples et de Sicile?

Quand le besoin se fait sentir, c'est-à-dire, lorsque les blés montent à un trop haut prix, le Peuple devient inquiet. Pourquoi augmenter son inquiétude en déclarant celle du Gouvernement par l'interdiction de la sortie? Supposons que le blé fut monté à trente livres le septier, où iroit-on le porter pour en obtenir non seulement trente livres, mais un profit, mais un dédommagement des frais de transport, des avaries, etc.? Si l'on joint à cette défense, qui en soi est pour le moins inutile, des ordres de faire des déclarations, etc., le mal en fort peu de temps pourroit être porté à son comble. N'a-t-on pas tout à perdre, en aigrissant ceux qui sont gouvernés contre ceux qui gouvernent; et en rendant le Peuple audacieux contre ceux qui lui fournissent jour par jour les moyens de subsister? C'est allumer une guerre civile entre les [17] Propriétaires et le Peuple. Le Peuple se range infailliblement du côté de l'autorité et regarde comme ses oppresseurs tous ceux qui ayant des grains ne les portent pas dans un même jour au marché. Le bas prix des denrées est le seul bien qu'il désire. Il n'a jamais réfléchi qu'il tire sa subsistance des salaires que lui donnent les Propriétaires; que ces salaires seroient anéantis si les productions ne se soutenoient pas à un bon prix; que le moyen le plus sûr d'anéantir le prix des denrées, et les denrées elles-mêmes, c'est de s'en rendre maître contre le vœu de ceux à qui elles appartiennent. Une administration éclairée ne fera jamais de ces coups d'autorité destructifs. Elle sait qu'à tout prendre le haut prix du grain pendant la courte durée de la cherté, est infiniment moins redoutable pour un État, que le bas prix permanent que désireroit le Peuple. Elle sait qu'un Royaume seroit ruiné, si le prix de la production ne fournissoit pas : 1° de quoi la produire; 2° de quoi faire subsister le Cultivateur; 3° de quoi payer le revenu du Propriétaire, la dixme, l'impôt; enfin de quoi fournir des salaires qui puissent assurer du pain à cette populace, qui en manqueroit bientôt, s'il était à bon marché. Faut-il de profondes réflexions pour comprendre que quand le prix des denrées ne suffit pas pour faire face à la reproduction, au revenu, à la dixme, à l'impôt, au salaire de la main-d'œuvre, la Nation entière marche à grands pas vers sa ruine, et est à la veille de manquer de tout? Il est donc de la plus haute importance de ne jamais fortifier les absurdes préjugés du Peuple [18] par la sévérité de l'administration contre les Propriétaires. C'est un mal que la grande cherté du blé; mais il ne peut être durable dans un Etat dont les ports sont toujours ouverts. C'est un mal infiniment plus grand, parce qu'il est durable, que de faire ouvrir par autorité des greniers que la liberté naturelle de chaque particulier le met en droit de tenir fermés. Ces greniers ne seront pas longtemps fermés, ou même ne le seront point du tout, si cette police est livrée au commerce, parce que l'insuffisance des récoltes est toujours prévue avant les récoltes mêmes et qu'un mal de cette espèce prévu par des Négocians, est toujours prévenue par le remède.

Permettez, Monsieur, que je propose à cette occasion une question plus forte en apparence que celles que je viens d'examiner. S'il étoit possible que dans un pays dont les ports seroient toujours ouverts, le prix du blé montât à trente livres le septier, tandis qu'il seroit à l'ordinaire à vingt livres ou environ dans les autres marchés de l'Europe ; seroit-il d'une bonne politique de forcer les greniers des Particuliers, et de vendre leurs grains pour leur compte sur le pied de vingt livres le septier, en attendant que le grain étranger vînt s'établir à ce prix, par l'effet de la concurrence que je crois vous avoir suffisamment expliqué? Je réponds que non ; et je vais vous en dire les principales raisons.

Rien n'est plus sacré dans tout Etat, quelle que puisse être sa constitution, que le droit de propriété : c'est pour mettre ce droit à l'abri de toute atteinte, que les hommes se sont réunis en corps de Nations. La force et la puissance pu[19]bliques toujours supérieures à celles d'un Particulier, ou d'une famille isolée, forment le rempart qui garantit les propriétés des invasions publiques et particulières. Diriger cette force, cette puissance contre la propriété, c'est non-seulement dénaturer leur objet, mais les armer contr' elles-mêmes. C'est un premier pas vers l'anarchie, que de toucher aux droits des Propriétaires ; et l'anarchie conduiroit rapidement les hommes à ce genre de vie individuel qui a précédé la formation des sociétés. Tout seroit à tous. La propriété respectée est donc le principe constitutif de la force des Empires. Si ce principe étoit détruit, ou même altéré, tout Etat ne seroit qu'une masse sans cohésion, et que la moindre secousse feroit tomber en poussière.

Prétendre que les droits de la propriété sont respectés, pourvu qu'on ne dépouille pas un particulier de ses biens en les livrant à un autre ; objecter que dans l'espèce que je suppose, l'administration n'exerceroit que sur les fruits de la terre la puissance qui lui a été confiée ; en conclure que les Propriétaires conserveroient dans son intégrité le domaine qu'ils ont sur les fonds qui ont fait naître ces fruits ; c'est chercher à s'en imposer à soi-même. Quel sens clair et honnête pourroit-on attacher à cette distinction ? L'administration, objecte-t-on, n'étend pas son pouvoir sur les fonds.

Qu'en feroit-elle, s'ils étaient séparés des fruits qu'ils produisent? C'est par ces fruits, et ce n'est que par eux que la propriété est précieuse aux hommes. Ce sont ces fruits qui constituent les forces individuelles, dont la réunion constitue les forces d'un Etat. [20] Quelle pourroit être la force ou la puissance particulière et publique au milieu du plus vaste territoire que la Nature auroit frappé de stérilité? Ce sont donc les fruits de la terre qui sont véritablement l'objet de la propriété ; c'est sur ces fruits que doit s'exercer le droit du Propriétaire, c'est-à-dire le droit d'en disposer librement. Que l'administration s'en empare, ou que le Peuple en tumulte force les greniers d'un Citoyen, c'est également une invasion qui anéantit les droits de la propriété ; et l'anéantissement de ces droits entraîne le violement des principes constitutifs des Nations policées. Ce seroit donc détruire un Etat sous prétexte de le sauver, que de s'emparer des grains à un prix même avantageux, si les Propriétaires ne vouloient les vendre qu'à un prix plus avantageux encore ; parce que l'administration ne peut jamais se permettre ce qui tend par sa nature à la destruction de l'État.

Indépendamment de ce grand principe auquel tout doit céder, je n'aurai pas de peine à faire voir que l'invasion qu'on croiroit justifier, en s'enveloppant de prétexte de bien public, renfermeroit une injustice évidente, en ne considérant les Propriétaires des grains que comme de simples marchands autorisés à vendre.

Dans l'hypothèse que j'ai faite, le blé national seroit à trente livres le septier, et par conséquent la récolte n'auroit pas été heureuse. Ces années sont fort rares. Supposons qu'il y eût une suite de récoltes assez abondantes pour faire tomber les grains à douze et quinze livres le septier, (c'est son prix ordinaire en France, en consé[21]quence de la prohibition de commerce extérieur, et même intérieur), l'administration ordonneroit-elle alors aux acheteurs de fournir vingt francs au propriétaires pour chaque septier de blé qu'il apporteroit au marché? Non, sans doute. Il est tout simple, diroit-on, que le consommateur profite du bas prix résultant de l'abondance de la denrée. Où est donc la justice d'empêcher le vendeur de profiter du haut prix auquel monte la denrée lorsqu'elle est rare ? Quoi ! celui qui fait les avances et les frais, sans lesquels on attendroit vainement la production ; qui court tous les risques de l'intempérie des saisons, lesquelles ruinent quelquefois un Cultivateur dans la même année où ses voisins s'enrichissent ; qui en un mot nourrit tout un État, et par les fruits vendus aux riches, et par les salaires fournis aux pauvres, pour les mettre en état d'acheter les mêmes fruits ; celui-là, dis-je, aura des pertes à supporter dans tous les cas possibles de vente ! Il perdra, si l'abondance tient sa denrée à bas prix ; il perdra, si le prix est trop haut, parce qu'on le forcera à vendre au même prix que les autres Nations de l'Europe, qui avec les mêmes frais ont eu un produit double ou triple ! N'est-ce pas une injustice évidente ? Les variations du prix du marché national, qui seules peuvent le dédommager par des compensations, ne sont-elles pas pour lui un droit acquis ? Peut-on le lui enlever sans exercer une violence dont l'idée est contradictoire avec celles que présentent les mots *société*, *police*, *administration*, et même le mot *commerce* ?

C'est évidemment à tous à porter le malheur de [22] tous ; je veux dire, les inconvéniens d'une mauvaise récolte. Les Laboureurs et les Propriétaires sont tout dans un État, parce qu'ils y vivifient tout ; mais ils ne sont pas *Tous*. Il seroit donc inique et contraire à toute idée de justice distributive, de faire retomber sur eux seuls les maux qu'entraîne l'inclémence des saisons. Ils courent les risques de la culture, ceux de l'abondance et de la rareté ; ceux de la concurrence du commerce. Ils doivent donc être maîtres de vendre ou de retenir leurs denrées. Ils sont les seuls Juges à qui il appartienne d'ordonner la clôture ou l'ouverture de leurs greniers. Plus le prix des grains est porté haut dans les mauvaises années, plus les Cultivateurs ont à perdre dans un État où le commerce est libre, parce que les frais de culture ont été les mêmes, que la production est infiniment moindre, et que la concurrence étrangère ne tarde pas à faire baisser ces prix qu'on regarde comme des dédommagements excessifs, et qui par l'évènement ne dédommagent pas à beaucoup près de ce qu'une mauvaise récolte a coûté. Aussi sait-on par une expérience générale, que dans les années de grande disette le Peuple souffre, mais pendant assez peu de temps ; au lieu que les Propriétaires et les Cultivateurs sont écrasés au moins pour deux années.

Il me semble que ces principes et ces réflexions suffisent pour prouver qu'à quelque prix que montent les grains, il n'est pas permis de forcer les greniers pour vendre les blés des Particuliers au prix des marchés de l'Europe, quelque certitude qu'on ait de recevoir incessam[23]ment des blés étrangers à ce prix.

Si quelqu'un m'objectoit la maxime *Salus Populi suprema Lex esto*, je répondrois que cette maxime n'est si respectable, que parce qu'elle est salutaire aux Nations. Rien ne leur seroit plus funeste que de renverser les droits de la propriété, et de réduire ceux qui font la force d'un État, à n'être que les Pourvoyeurs d'un Peuple inquiet, qui n'envisage que ce qui favorise son avidité, et qui ne sait point mesurer ce que doivent les Propriétaires par ce qu'ils peuvent. C'est à l'administration à réprimer cette avidité au lieu de la favoriser. Elle ne peut être réprimée qu'en faisant respecter les droits de la propriété, et en les rendant inviolables.

Je ne puis mieux terminer cette Lettre, qu'en appliquant au commerce des blés en particulier, ce qu'un Négociant de Rouen répondit à M. Colbert sur le commerce en général : *Laissez-nous faire.*

J'ai l'honneur d'être, etc.

A Marseille, le 8 octobre 1763.

RÉFLEXIONS

SUR LA POLICE DES GRAINS

EN FRANCE ET EN ANGLETERRE

1764

Quand deux opinions opposées trouvent des partisans, les personnes qui flottent dans la neutralité doivent penser, ou que les deux partis sont dans l'erreur, ou que celui qui défend la vérité n'expose pas assez clairement ses raisons, ou que le parti opposé a des motifs d'incapacité ou d'intérêt particulier qui l'empêchent de se rendre à la lumière. Dans quelle classe placer céux qui demandent la liberté du commerce des grains, comme une opération salutaire pour un Royaume épuisé, et ceux qui, regardant la prohibition comme le salut de l'État, envisagent l'exportation comme le germe de la disette et de la fa[4]mine? Ce seroit aux personnes neutres à décider entre ces deux partis, s'il pouvoit y avoir de la neutralité, sur la question de l'exportation parmi ceux qui l'ont examinée. Quelque puisse être le degré de lumières de ceux qui hasardent leur avis sur cette question, il ne leur sera peut être pas inutile d'entrer dans la discussion d'un fait principal qui est devenu, pour ainsi dire, l'arcenal où chacun puise des armes.

Ceux qui forment des vœux pour que le Gouvernement accorde une entière liberté à l'exportation s'appuient communément sur deux raisons; l'une est tirée de notre propre expérience, l'autre de l'expérience des Anglois. La France étoit épuisée lorsque Henri IV monta sur le trône. Non seulement elle se rétablit, mais elle devint opulente pendant l'Administration du Duc de Sully. Le plus actif de ses principes, disent les partisans de la liberté, fut de favoriser l'exportation des grains. Nous avons donc le plus grand intérêt à reprendre ce principe vivifiant.

Ceux qui aiment le despotisme des prohibitions n'ont pas répondu, mais ils pourroient répondre que la liberté d'exporter [5] dont on jouit sous le ministère du Duc de Sully, ne fut que de tolérance;

que son opération fut secondée par les saisons, par le peu d'étendue
de notre commerce, par l'inertie de nos voisins ; mais que la liberté
ne fut point légale, puisque l'Édit du 12 Mars 1595, qui défend
d'exporter les grains, sous peine *d'être poursuivi comme criminel
de lèze-Majesté*, n'a jamais été révoqué. Cet édit avoit été rendu
sous les yeux du Duc de Sully, et peut-être par son avis ; car quoi
qu'il n'ait été surintendant qu'en 1599, il entra dans le ministère
des finances dès 1595. Si ce Ministre eût regardé la liberté de l'exportation comme un principe fondamental, l'eût il exposée à être
renversée par l'incapacité, ou la timidité de ses successeurs, excu-
sés et même secondés par un Édit ? Il eût cherché à perpétuer, par
l'autorité d'une loi publique, l'usage de cette liberté qu'il se con-
tenta de tolérer, de permettre, ou même de favoriser. Qu'on ne dise
pas que Sully a prouvé ses principes par le fait. Les contradictions
qu'éprouvoit sa tolérance lui devoient faire sentir tout l'ascendant
des loix connues. Il avoit assez de pouvoir pour favoriser l'exportation malgré la loi ; il se seroit [6] servi de ce même pouvoir pour la
faire abroger par une loi nouvelle, si l'utilité d'une liberté perpétuelle eut été dans ses principes. On peut donc regarder comme vraisemblable, que la faveur qu'il accorda à l'exportation tenoit plus
aux circonstances qu'aux principes qu'on lui attribue sur cette
matière.

L'expérience des Anglois est le second point d'appui de ceux qui
désirent la libre exportation. Le commerce, la population, les forces
nationales, disent-ils, se sont prodigieusement augmentées en
Angleterre, depuis que la sortie des grains est non seulement permise chez eux, mais de plus encouragée par des gratifications. Une
expérience heureuse et soutenue pendant plus d'un siècle doit faire
taire les préjugés les plus enracinés.

Les partisans des prohibitions se plaignent à cet égard, de ce
qu'on veut introduire en France des maximes Angloises, ce qui
convient dans un pays, disent-ils, ne convient pas dans un autre.
La police des Anglois appelleroit parmi nous la disette et la famine.
Ils ont eux-mêmes senti la nécessité d'interdire quelquefois la sortie de leurs grains.

Il paraîtroit bien étonnant sans doute, [7] qu'on objectât aux
partisans de la prohibition, qu'ils se rapprochent beaucoup plus des
principes Anglois qu'ils cherchent à écarter, que les partisans de la
liberté qui reclament continuellement ces principes. C'est cependant un fait qu'il ne paroît pas difficile de prouver.

Nos prohibitions à la sortie empêchent le blé étranger d'entrer dans le Royaume. C'est aussi le principal but de la Police Angloise, que de chasser le blé étranger. Nous repoussons nos voisins, en les avertissant qu'ils seront retenus dans nos ports dès qu'ils y seront entrés. L'Angleterre repousse l'Étranger, en chargeant sa denrée de droits si énormes, qu'il perdroit beaucoup à l'y conduire. Les Anglois veulent se passer de toutes les nations sur cet objet : nous formons le même vœu, puisque nous ne retenons la totalité de nos grains, que dans l'espérance de nous suffire à nous-même. Il est vrai que l'Anglois chasse le blé qu'il n'a pas cultivé, de peur qu'on n'en apporte trop et que c'est au contraire la crainte d'en manquer qui nous porte à réserver toutes nos recoltes. Mais il n'en est pas moins vrai que, de part et d'autre, on parvient au même but quoique par des voies différentes. Nos [8] prohibitions ne nous éloignent donc pas beaucoup, quant aux effets de la Police Angloise.

A l'égard de l'exportation telle qu'on la demande aujourd'hui ; on veut qu'elle soit entière, perpétuelle, indépendante des bonnes ou des mauvaises récoltes ; un de ses principaux effets sera de prévenir les disettes, en attirant les blés étrangers dans les mauvaises années. Ce n'est point sur ces principes qu'elle est établie en Angleterre. Il est donc certain que la liberté qu'on sollicite pour le commerce de France, ne ressemble que foiblement à celle dont jouit le commerce des Anglois.

Une connoissance éxacte de leur Police et de l'objet qu'ils se sont proposé est un point de fait dont il semble qu'on auroit dû s'assurer avant de la décrier en France, ou d'en solliciter l'adoption. On s'en est si peu occupé, qu'il est aisé de faire voir que la police Angloise, la nôtre et celle qui n'auroit pour principe qu'une entière liberté, forment trois plans d'administration très distincts. Le commerce des grains n'est pas proprement libre en Angleterre, puisqu'il est chargé d'entraves au-dedans et au dehors. En France il est permis pour l'entrée, et pro[9]hibé pour la sortie. On demande aujourd'hui, pour ce commerce, une liberté absolue et permanente. Voila trois plans différens. Mais c'est principalement dans le but et dans les moyens qu'ils diffèrent entre eux.

L'Angleterre languissoit autrefois dans les liens d'une prohibition absolue. Elle éprouva les mêmes effets que nous éprouvons aujourd'hui ; l'abandon de la culture, la réduction des salaires, la pauvreté pour quiconque n'avoit que de la santé et des bras. Un écrit publié en 1621 par le Chevalier Thomas Culpeper, nous apprend qu'alors les François avec leur blé, et les Hollandois avec ceux de Pologne, fournissoient les marchés Anglois, et que les blés nationaux étoient habituellement au-dessous de leur vraie valeur. « A « présent, dit Culpeper, que le blé et les autres denrées que la « terre produit sont à vil prix, on abandonne la bêche et la charrue. « Les pauvres gens trouvent peu à travailler, et les *salaires*, sont « extrêmement bas. Si les Propriétaires des terres trouvoient leur « compte à les amender, c'est-à-dire à *améliorer leurs terres*, il y « auroit bientôt beaucoup plus de monde occupé à les cultiver [10] « qu'il n'y en a aujourd'hui, *et les salaires seroient plus forts*. Tout « homme qui auroit de la santé et des bras ne seroit pauvre que par « une extrême paresse. »

L'ascendant des préjugés sur la multitude, et l'impression foible et lente des principes les plus solides et les plus lumineux sur des esprits prévenus, ne permirent pas aux Anglois de démêler promptement les causes de leur pauvreté. Ce n'est qu'en 1660 que nos succès et leurs pertes entr'ouvrirent leurs yeux. Ils essayèrent de permettre l'exportation de leurs grains quand le *quarter* [1] ne vaudroit que 24 schelins. Cet essai timide produisit des effets si avantageux, qu'en 1663 l'exportation fut permise jusqu'à ce que le quarter montât à 48 schelins, c'est-à-dire à 27 liv. le setier de Paris.

On vient de voir que pendant la durée de la prohibition en Angleterre, les blés de France et de Pologne y garnissoient [11] tous les marchés. On crut donc qu'il ne suffisoit pas de fortifier la culture par le libre commerce des grains à la sortie, et qu'on devoit encore la favoriser en repoussant les blés étrangers par des droits d'entrée. Ces droits augmentèrent par degrés ; ils furent d'abord de 5 schelins 4 deniers, ensuite de 10, de 16 schelins ; enfin ils montèrent jusqu'à 20 schelins par quarter (22 livres 10 sols de notre monnoie). Il est aisé de concevoir, qu'à l'exception d'un temps de famine, l'importation des grains étrangers est impossible lorsque chaque setier, mesure de Paris, est chargé de 11 liv. 5 sols de droits

---

1. *Le quarter* est une mesure qui pèse 460 livres, c'est-à-dire 20 livres de moins que deux setiers de Paris. Le schelin répond à 1 liv. 2 s. 6 den. de notre monnoie. Ainsi la sortie du blé d'Angleterre ne fut d'abord permise que lorsqu'il ne passoit pas 13 liv. 10 s. argent de France par setier.

d'entrée. Cette branche de l'opération Angloise étoit une grande faute, comme on le verra bientôt.

De succès en succès, le Gouvernement d'Angleterre sentit qu'il pouvoit ne se pas borner à repousser le blé étranger en le chargeant de droits et à permettre la sortie des blés nationaux à quelque prix qu'ils pussent monter. Il accorda de plus en 1689 une gratification de 5 schelins pour chaque quarter de blé qui seroit exporté. C'est un peu plus de 3 liv. de notre monnoie pour chaque setier, mesure de Paris.

[12]Voilà l'origine, les progrès et l'état actuel de la Police Angloise par rapport au commerce des grains. Elle s'est établie en passant par tous les degrés d'expérience nécessaires pour former avec connoissance de cause un plan permanent. Recommencer ces expériences parmi nous, ce seroit faire l'aveu humiliant que nous sommes à plus d'un siècle de l'Angleterre, dans les progrès de l'esprit humain, sur la science économique et politique. Il ne tient qu'à nous de les surpasser, puisqu'en profitant de leur bonnes vues, nous pouvons nous épargner les fautes qu'ils ont faites, et perfectionner le plan d'administration auquel ils se sont fixés.

Que nous importe, en effet, ce que le Duc de Sully pensoit à l'égard du commerce des grains, puisque d'un côté il n'a pas imprimé le sceau de la Loi à ce qu'on regarde comme ses principes, et que d'un autre côté la liberté, qu'il a certainement favorisée, fait partie des bonnes operations avec lesquelles il a sauvé le Royaume ? Que nous importe ce qu'on fait et ce que font les Anglois, puisqu'il est certain que leur Police est incomplette, et qu'elle a des inconveniens [13] marqués qui seront irrémédiables tant que la gratification subsistera ? Sommes-nous assez bornés pour n'oser faire un pas sans nous vouer à une imitation servile ?

Les hommes de tout pays, de tout siècle découvriront infailliblement les vraies routes de l'administration, lorsqu'après s'être délivré des préjugés et des maximes d'habitude, ils chercheront de bonne foi la vérité dans le principe des choses, ou dans leurs conséquences.

Sully agît en ministre en favorisant l'exportation des grains. Il vit dans les principes des choses, le contraire de ce que le chancelier de l'Hôpital et l'Auteur de l'Edit de 1595 avoient légalement ordonné. Culpeper et celui qui en 1660 proposa au parlement d'Angleterre de briser les entraves de la prohibition, virent aussi cette opération en Ministres. Le dernier vit comme Sully, mais il vit plus loin ; puisqu'il fit rendre perpétuel par une Loi ce que Sully ne pouvoit rendre que momentané, puisque c'étoit le fruit de son autorité particulière, et que ce fruit devoit ou pouvoit disparoître avec lui.

On peut aujourd'hui avec beaucoup moins de génie que Sully, Culpeper, etc. [14] se promettre de décider avec sagesse la question de la libre exportation des grains, et de rectifier sans méprise les détails défectueux qui se sont glissés dans une administration bonne en elle-même, puisque l'expérience l'a toujours justifiée.

Le plan auquel se sont fixés les Anglois n'est point celui d'une liberté entière de commerce, puisque l'entrée des blés étrangers est proscrite par les droits auxquels ils sont assujettis. Ce n'est point non plus celui d'une prohibition absolue, puisque la sortie du blé national est toujours permise, et qu'elle est même encouragée par une gratification, tant que le prix du quarter n'excède pas 48 schelins. C'est un plan mixte, et par là un plan défectueux. Jettons un coup d'œil sur les inconvéniens qu'il renferme.

Les Anglois convaincus que la prohibition de la sortie des blés avoit détérioré leur culture, et acheveroit de la détruire, permirent l'exportation : c'étoit le remede qu'indiquoit le mal même. Ils remarquèrent en même temps que le blé étranger s'introduisoit chez eux ; il le chargèrent de droits pour en empêcher l'entrée. C'étoit une faute. Ils la commirent, parce qu'ils ne virent pas que les versemens de [15] blés étrangers n'étoient qu'une suite ; qu'un effet de la diminution de culture causée par les prohibitions. L'embarras de leurs positions, l'engourdissement inséparable d'une longue habitude, les empêchèrent de sentir que l'exportation favorisant la culture, opposeroit au blé étranger la plus puissante des barrières, l'abondance ; que ce blé ne seroit attiré et ne s'introduiroit que dans des temps de disette, parce que le commerce ne porte point les denrées où elles abondent, et les verse toujours où elles manquent ; que par conséquent il étoit superflu de repousser le blé dans les temps d'abondance par des droits excessifs, et dangereux de les chasser par le même moyen dans les temps de disette. Cette méprise a jetté les Anglois dans des embarras minutieux et journaliers, et quelquefois dans le péril de manquer de grains. Tant une seule erreur, en fait d'administration, est dangereuse, par là suite d'erreurs qu'elle entraîne après soi !

Les succès incroyables de la libre exportation chez eux, et plus encore l'intérêt qu'avoit Guillaume III à mettre dans son parti les propriétaires des terres donnerent lieu à la gratification établie en [16] 1689. Ils ne virent pas que l'exportation a nécessairement des limites indépendantes de la fécondité du sol, et de la faveur des loix humaines ; que c'est sur l'étendue des besoins que se mesurera toujours la quantité des ventes ; que les besoins et la population ayant par-tout un terme, c'est une chimère que d'imaginer un accroissement de richesses sans bornes, d'après une exportation qui s'accroîtroit toujours. Cette fausse route, en les conduisant à la gratification, fortifia l'obstacle qui écartoit le blé étranger, et le rendit même nécessaire. Cette gratification n'étoit destinée qu'à l'encouragement de la culture nationale ; il falloit donc empêcher le blé étranger d'en profiter dans le cas de réexportation ; et le seul moyen de prévenir cet inconvenient étoit de continuer à en interdire l'entrée. On va voir les suites de ces fausses mesures.

Le pays le plus fécond, le mieux cultivé n'est pas à l'abri d'une mauvaise année. Il est tout simple qu'alors l'insuffisance des grains soit moindre dans un Etat qui cultive et pour lui et pour son commerce, que dans celui qui mesure habituellement sa culture sur ses besoins ; cependant il est possible que la récolte se trouve [17] insuffisante pour la consommation intérieure. L'Angleterre en est une preuve, quoique depuis que l'exportation y est libre, les exemples en soient excessivement rares. Quand on y éprouve une de ces années fâcheuse, la disette est inévitable, à moins qu'on ouvre les ports au blé étranger. Il devient donc indispensable de faire fléchir une loi qui écarteroit des secours que les circonstances rendent étroitement nécessaires.

Les Anglois ont senti cette difficulté, mais leur attachement à la gratification ne leur a pas permis de chercher à la prévenir par un moyen qui fut à la fois simple et solide. Ils ont compliqué leur Police au lieu de la changer.

Les droits d'entrée sur les blés étrangers ne sont pas fixes. Ils varient comme le prix du blé national. Ainsi quand le blé Anglois est à bon marché, les droits d'entrée sur les blés étrangers sont excessifs. On se propose par là de favoriser la vente de la denrée nationale et d'empêcher l'introduction de la denrée étrangère. Quand les blés montent à un haut prix, et qu'enfin ils deviennent chers, les droits d'entrée sur les blés étrangers diminuent en proportion

de l'augmentation du prix [**18**] du marché. C'est un appas pour attirer l'étranger, afin qu'il supplée par ses exportations, ce qui manque
à la subsistance du peuple.

Il est aisé de concevoir que la gratification d'un côté, et de l'autre
l'augmentation ou la diminution des droits d'entrée dépendant de
la valeur du blé en Angleterre, c'est un article essentiel de Police
que de savoir toujours le prix des grains. Comme ces prix varient
nécessairement et dans des intervalles assez courts, surtout dans
les mauvaises années, il seroit d'une difficulté insurmontable d'avoir
des points fixes soit pour accorder ou refuser la gratification aux
Commerçants regnicoles soit pour augmenter ou réduire les droits
d'entrée que payent les blés étrangers.

A l'égard des Commerçans regnicoles, on a été forcé de s'abandonner à leur bonne foi, sans cependant cesser d'embarrasser leurs
opérations par des formalités et par des gênes très-préjudiciables.
Le Marchand est obligé d'apporter un certificat du Magistrat du lieu
où les achats ont été faits, portant le prix du marché. L'Inspecteur
de la douane exige de plus le serment du Marchand, ou telle autre
pré[**19**]caution qu'il juge nécessaire lorsqu'il se défie de la sincérité
du certificat et de la fidélité du serment. Enfin le marchand fournit
une caution assez forte pour sûreté de sa déclaration et de la décharge
qu'il doit faire en pays étranger ; décharge qui doit aussi être constatée par un certificat. Qu'on supprime la gratification Angloise, toutes
ces formalités puériles et gênántes deviendront superflues. Le Blé
sortira d'Angleterre lorsqu'il y sera trop abondant et par conséquent
à trop bas prix. Il y restera lorsque sa proportion avec la consommation intérieure le fera monter à un prix raisonnable. Il y restera
plus sûrement encore, si la rareté en rend le prix avantageux.

A l'égard des Commerçans étrangers, ils n'ont aucune boussole
pour se conduire. Car si le blé vaut en Angleterre de 33 l. à 45 l. le
setier argent de France, *au moment du départ de leurs vaisseaux*,
ils comptent sur 4 l. 7 s. de droits d'entrée par setier (8 sch. 7 d.
$\frac{5}{10}$ par quarter). Mais si, par une de ces révolutions si promptes
et si fréquentes sur le prix des grains, le setier de blé ne vaut plus
en Angleterre, *lorsque ces vaisseaux étrangers arrivent*, que d'environ 25 à 33 l. de notre monnoie, [**20**] les droits d'entrée doivent
être payés sur le pied d'environ 9 l. 11 s. de notre monnoie par
setier (16 sch. 7 den. $\frac{3}{5}$ par quarter), ces droits sont si énormes,
qu'en supposant que le blé importé revînt à 25 l. le setier au ven-

deur, et ce seroit un prix exorbitant, il payeroit, dans le premier cas, plus de 17 % de droits d'entrée, et dans le second, plus de 36 pour cent [1]. Quel est le commerce qui puisse supporter un impôt si démesuré ; et comment concilier les justes profits d'une spéculation sage, avec des droits si excessifs en eux-mêmes, et qui peuvent être portés au double de ceux sur lesquels on a compté ? Les variations dans la réduction de droits destinées a attirer le blé étranger, ne peuvent donc que détourner de faire des spéculations pour approvisionner l'Angleterre, lorsque ces grains ne suffisent pas à ses besoins. Elle s'y est exposée par cette mauvaise Police ; aussi l'a-t-elle éprouvé. Alors la réduction des droits d'entrée ne l'a point rassurée ; [21] et la peur qui ne fait rien calculer, l'a égarée jusqu'à suspendre par une loi particulière la liberté d'exporter les grains. Qu'on supprime et la gratification et les droits d'entrée le péril disparoîtra. Les Anglois n'exporteront point dans les mauvaises années parce que le haut prix empêchera plus sûrement les blés de sortir qu'aucune loi prohibitive. Les Etrangers seront attirés par ce haut prix. Ils importeront tant qu'il se soutiendra, c'est-à-dire tant que le besoin subsistera. Ils cesseront d'importer, et les Anglais reprendront leurs exportations, dès que l'abondance sera constatée par le bas prix.

Il n'est pas vraisemblable que parmi ceux qui sentent la nécessité de réparer le fonds des richesses du Royaume, par la libre exportation des grains, il s'en trouvât un seul qui voûlut que la Police Angloise fut adoptée. 1º Parce qu'avec un peu de connoissance des hommes, on sait qu'il est inutile de recompenser l'exportation. Elle porte avec soi sa récompense par les profits du commerce. On peut laisser aux Commerçans le soin de ne s'engager que dans les opérations qui leur promettent des bénéfices. L'exportation de nos vins, de nos eaux-de-vie, de nos [22] toiles, etc., n'est point excitée par des gratifications. Cependant le commerce nous délivre de notre superflu sur ces articles. 2º Parce que la gratification nous obligeroit à prendre des mesures pour repousser le blé étranger ; et il est très important au contraire de l'attirer, jusqu'à ce que notre commerce extérieur soit assez bien établi pour faire cesser, ou pour borner l'importation du blé étranger par notre propre abondance.

---

1. Dans ces prix et dans ces calculs, on n'a employé que des nombres ronds, parce que les fractions ne servent qu'à embarasser le lecteur, lorsqu'une précision rigoureuse n'est pas absolument nécessaire.

3º Parce que la gratification, d'un côté, et de l'autre, l'expulsion du blé étranger, demanderoient que toutes les différences et toutes les variations de prix de nos blés fussent épiées et constatées, ce qui entraîneroit une multitude de gênes, d'embarras, de formalités qui suffiroient pour empêcher notre commerce d'exportation de s'établir. Le blé vaut à présent (Février 1764) 140 liv. le tonneau à Nantes, 200 liv. à Bordeaux, 230 liv. à Marseille. Ces prix peuvent et doivent même changer avant un mois. Il nous faudroit donc aujourd'hui des regles diverses pour ces trois Ports, et en établir de nouvelles dans un mois d'ici.

Il n'est pas plus vraisemblable que les partisans de la prohibition voulussent [23] adopter la Police Angloise. Sans examiner le besoin pressant de ranimer notre fonds productif, et les avantages de toute espèce qui résulteroient de l'exportation, ce mot seul jetteroit l'épouvante dans le parti. Cependant il y gagneroit, 1º l'avantage de voir le blé étranger repoussé de toutes parts, aussi sûrement que par nos prohibitions actuelles ; 2º celui de voir notre commerce trop embarassé, trop contrarié pour pouvoir s'étendre, parce qu'en France on ne se contenteroit nullement du certificat d'un Juge de Village, du serment d'un Marchand, etc., pour constater un prix que contradiroit d'un jour à l'autre le prix du marché du lieu où se feroit le chargement.

Il est donc certain que la Police Angloise ne conviendroit ni à ceux qui la regardent comme la base et l'appui de leur opinion, ni à ceux qui la décrient comme dangereuse. Il n'est pas moins certain qu'à la considérer uniquement par ses effets elle se rapproche beaucoup plus du système des prohibitions que de celui de la liberté.

Ce qu'on demande aujourd'hui en France, ce dont nous avons le besoin le plus pressant, c'est que le commerce des grains [24] soit libre. La liberté suppose qu'en tout temps, en toutes circonstances, on pourra *importer* ou *exporter* nos grains. On vient de voir que c'est pour avoir proscrit l'*importation* que l'Angleterre s'est trouvée dans la nécessité de suspendre quelque fois cette liberté d'exporter, à laquelle les Anglois doivent la superiorité de leur culture, et par conséquent les forces du fonds national. C'est cette richesse du territoire qui a rendu les cas, où la liberté a été suspendue, si rares, qu'on ne peut les regarder que comme une exception. Mais cette exception même est un mal. Ainsi, puisque la cause en est connue, puisque nous savons qu'elle réside dans la faute qu'ont fait les

Anglois en repoussant le blé étranger, (faute irrémédiable tant que la gratification subsistera) nous devons l'éviter, et nous ne le pouvons que par une liberté entière. Si le Gouvernement l'accorde aux vœux et aux besoins de la nation, nous pouvons calculer d'avance les avantages qui en résultent. Notre culture détériorée se fortifiera, et ne tardera pas à devenir florissante. Les disettes ne se feront jamais sentir parce que l'Etranger suppléera ce qui pourroit nous manquer dans les mauvaises années, et [25] l'on sait qu'elles sont peu redoutables dans les Pays bien cultivés. Nous gagnerons, outre une branche d'exportation, l'avantage d'être l'entrepôt des Nations du Nord qui remplissent le vide des greniers du Midi. Les mers du Nord ne sont pas toujours libres ; elles sont plus éloignées des lieux qui ont besoin de secours : ainsi l'intérêt de l'Etranger seroit d'entreposer chez nous sa denrée. Il seroit inutile de pousser plus loin l'examen des avantages que nous retirerions d'une entière liberté, seule police qui soit fondée sur la nature, sur la raison, sur l'expérience. Ces avantages ont été demontrés par plus d'un côté dans les ouvrages qui sont entre les mains de tout le monde ; Et le Public ne connoît aucun Ecrivain qui se soit rendu l'Apologiste des prohibitions.

Mais on croit qu'après avoir exposé les faits qui constituent la Police Angloise, il peut n'être pas inutile d'examiner deux difficultés qui ont arrêté des personnes remplies de Patriotisme, et qui d'ailleurs sentoient toute l'utilité et même toute la necessité de rendre l'exportation de nos grains perpétuellement libre.

[26]   PREMIÈRE DIFFICULTÉ.

La France a éprouvé des disettes marquées après des exportations générales permises par le Gouvernement.

Les personnes instruites ne nieront certainement pas que les exportations dont-il s'agit ici ont été permises fort tard. Le gouvernement a toujours commencé par s'assurer que, de toutes parts, l'extrême surabondance des recoltes ruinoit le Cultivateur, le Propriétaire, et rendoit le recouvrement de l'impôt presque impossible. Ce recouvrement, comme on le sait, se fait en argent, et dans les années surabondantes les contribuables n'ont que des denrées qu'ils ne peuvent vendre, et que l'impôt ne veut pas recevoir en payement.

De longs retardemens dans une opération qui demande la plus grande célérité, anéantissent d'avance tout le fruit qu'on auroit retiré d'une prompte exportation. Le mal étoit fait avant que le signal de la liberté fût donné. C'est ce qu'on va développer.

Il est excessivement rare qu'une seule [27] année soit assez féconde pour produire cette surabondance de production, sans laquelle on n'accorderoit certainement pas en France une permission générale d'exporter. La surabondance n'est assez marquée pour ébranler nos préjugés, que quand une ou deux bonnes années consecutives sont suivies d'une très ample récolte. Les grains tombent alors à si bas prix, qu'il faudroit que la consommation triplât, pour que le cultivateur pût retirer de la vente de ses grains, l'argent necessaire pour les frais de culture, pour le revenu du Propriétaire, et pour le payement de l'impôt. Tout est donc suspendu à la fois par l'impossibilité d'une vente à beaucoup près suffisante.

Ce n'est pas seulement, comme on se l'imagine, parceque le Cultivateur craint une nouvelle surcharge de grains, qu'il diminue alors sa culture. C'est parce qu'il lui est impossible de faire les frais de la culture annuelle, lorsqu'il ne peut convertir en argent le produit de ses cultures antérieures. Elles lui ont beaucoup coûté, et elles ne lui rendent rien pour le défaut de vente : il arrive donc qu'il manque personnellement d'argent et que le Propriétaire qui ne reçoit point alors ses [28] revenus, ne peut les reverser dans la main des Cultivateurs par l'achat de tous ses objets de consommation. Est-il étonnant que la culture diminue ? Il est aussi impossible à un cultivateur de soutenir son exploitation avec des denrées qu'il ne peut vendre, qu'il seroit impossible au Souverain de soutenir l'administration, s'il ne recevoit pour subsides que des denrées qui ne pourroient être converties en argent.

La cessation, ou du moins la diminution de la culture, est donc un effet inévitable par-tout où il y a surabondance intérieure, et impossibilité de vendre au dehors. Cet effet précéde nécessairement les permissions d'exporter ; ainsi le mal est consommé, lorsque ces permissions sont tardives. Le temps de préparer et d'ensemencer les terres est passé, avant qu'on ait pu profiter de ces permissions, et faire rentrer dans la main du Cultivateur le prix de sa denrée. Voilà une cause décisive d'insuffisance pour la récolte suivante. En voici une autre.

Il n'y a pas un seul exemple de permissions generales accordées par le Gouvernement en forme légale et quelque forme qu'on ait suivie, on n'a jamais pro[29]mis, ni même laissé espérer à la Nation que ces permissions dussent être perpétuelles, ou même durables. Elles portent toutes ces clauses : jusqu'à ce qu'il en soit autrement ordonné. Dans ce systême on auroit dû prévoir que les exportations seroient aussi excessives qu'il seroit possible, 1º Parce que, comme on l'a dit, les grains étant à très bas prix, il faut que le Cultivateur en vende trois fois plus qu'à l'ordinaire, pour trouver dans le prix de sa vente de quoi faire face à ses frais de culture, au revenu du Propriétaire, à l'impôt : trois espèces de dépenses qui ne peuvent se faire qu'avec de l'argent comptant. 2º Parce que le Commerçant qui prévoit le retour de la prohibition, à l'instant même qu'elle est levée, se hâte de faire des magasins chez l'Etranger, ou pour son compte, ou pour le compte de ses correspondans. Il n'a garde d'établir ses magasins en France, où il ne seroit pas longtemps maître de sa denrée et des combinaisons de son commerce. Ces différentes causes agissant à la fois il est nécessaire que le Royaume manque de grains l'année suivante et que le besoin fasse racheter fort cher les blés qui ont été ven[30]dus ou enmagasinés chez l'Etranger à très bas prix.

Il faudroit s'aveugler volontairement, pour attribuer un effet si fâcheux à la liberté de l'exportation. Ce sont au contraire les prohitions qui donnent lieu aux greniers François de s'engorger ; qui, en privant le Cultivateur et le Propriétaire d'une vente assez prompte, pour procurer l'argent nécessaire à la culture et à la consommation des denrées de toute espèce, mettent un obstacle invincible au renouvellement des productions et des consommations ; qui, enfin menaçant continuellement le commerce, le forcent à chercher chez l'Etranger un asile à la denrée qu'il n'a achetée que pour la vendre à profit. Qu'on renonce aux prohibitions pour jamais, et aucun de ces accidens n'arrivera et ne pourra arriver.

Après avoir éprouvé ces fruits amers de la prohibition, elle vient mettre le comble à nos maux en reparoissant en France. Le temps de besoin, ou, si l'on veut, de disette, ce temps où le blé est si cher, qu'il ne peut sortir du Royaume parce qu'il ne pourroit être vendu nulle part à si haut prix ; où le blé étranger [31] nous est indispensablement nécessaire, puisque nous ne pouvons suffire à notre subsistance, est celui qu'on choisit pour renouveller les défenses de faire sortir des grains du Royaume. Comment le Négociant

François ne se féliciteroit-il pas alors d'avoir établi ses magasins dans des pays où il est maître d'en disposer ? Comment le Négociant Étranger viendroit-il apporter son superflu dans nos Ports tandis que nos Loix l'avertissent qu'il n'en pourra sortir qu'après avoir vendu sa denrée à quelque prix que la concurrence et l'abondance puissent la faire tomber ?

Dans ces circonstances si critiques, la France ne peut avoir qu'une ressource contre les obstacles qu'elle met elle-même à sa subsistance. C'est de faire acheter des grains chez l'Etranger. Mais par qui se font ces achats ? Par des Commissionnaires chargés d'ordres de la part du Gouvernement. Dans ce moment les Négocians se gardent bien de hasarder pour leur compte l'achat de grains étrangers. Il y auroit tout à parier qu'ils perdroient sur leurs spéculations. Il arrive donc que le Royaume est mal pourvu et à très-grand frais. *Mal pourvu*, parce que l'Etat ne fait jamais acheter à beaucoup près une [32] aussi grande quantité de grains qui en attireroit la concurrence des Commerçans du Royaume. *A très grand frais*, parce que les Commissionnaires de l'Etat n'ont aucun intérêt à mettre de l'economie dans leurs achats, à épier les temps et les lieux où ils pourroient les faire avec plus d'avantages. Leur objet principal, et même leur objet unique lorsqu'ils ont l'âme honnête, est de remplir leur mission avec célérité. La qualité des grains, l'économie du prix n'entrent pour rien dans leurs opérations.

Tels sont les effets inséparables des prohibitions converties en principe d'administration. Elles appelent la disette par la surabondance même. Lorsqu'on a l'esprit bien pénétré de l'enchaînement des effets qu'on vient de rapporter, avec les causes d'où ils découlent. on n'est pas tenté de regarder comme un obstacle à la liberté, que la France a éprouvé des disettes marquées après des exportations générales permises par le Gouvernement. Sur ce point comme sur tous ceux qui importent à la chose publique, il s'agit moins de faire le bien que de le bien faire. Il n'y a qu'une liberté entière et permanente, qui puisse assurer au Cul [33] tivateur l'argent de sa denrée, au moment précis où il en a besoin pour jetter les fondemens de la récolte future. Il n'y a que cette liberté qui puisse déterminer les acheteurs à établir leurs magasins en France. Il n'y a que cette liberté qui puisse attirer les étrangers dans nos ports, lorsque nous sommes dans le besoin, et assurer persévéramment un prix moyen aux grains, par la concurrence de ces Marchands étrangers. Toute autre Police sera nécessairement et éternellement désastreuse.

Voilà les réponses fondamentales qui se présentent, en réfléchissant sur cette *premiere difficulté* ; mais comme elle a fait quelque impression sur des personnes aussi prudentes qu'éclairées, qui certainement favoriseroient le parti de la liberté de l'exportation, si elles étoient convaincues que les suites en seront heureuses ; qui ne sont retenues que par la circonspection qu'inspirent les expériences qui n'ont pas réussi ; c'est un devoir que d'envisager par tous ses côtés la dernière de ces opérations qui ait été faite, afin de mieux juger si nous avons les mêmes suites à craindre.

La France a eu d'abondantes recoltes [34] depuis 1733 jusqu'en 1738. M. Orry, alors Contrôleur géneral. permit l'exportation des grains, parce qu'on en étoit surchargé depuis plusieurs années. Après la diminution de la culture causée par l'impuissance progressive et le découragement du Cultivateur, un hiver rigoureux se fit sentir. On fut menacé d'une disette en 1740.

En isolant cet événement de ses causes économiques, physiques et politiques, on peut être porté à l'attribuer au défaut de magasins dans le Royaume. Ils étoient alors défendus. On peut alléguer aussi que la circulation des grains étant alors interdite, les Negocians n'avoient pu faire de spéculations sur les grains, en sorte qu'ils manquèrent tout-à-coup. Le changement survenu dans la législation peut conduire de plus à penser. qu'avant d'accorder une entière liberté d'exporter, il seroit peut être prudent d'attendre l'effet de la Déclaration du 25 Mai 1763. Enfin on peut supposer que la sortie des farines étant aujourd'hui permise, c'est un moyen d'exportation qui tient immédiatement aux grains, et qui en favorisera la culture. Examinons chacun de ces objets en particulier.

[35] On va donner des preuves qu'en 1740 il y avoit en France beaucoup de magasins, ou, si l'on veut, beaucoup de greniers remplis La cherté des grains les fit fermer ; malheur inévitable partout où ceux qui possédent des blés n'ont point à craindre la concurrence des Négocians du dehors. Si la liberté eût laissé à la concurrence ce ressort dont les effets sont si prodigieux et si continuels dans toutes les autres branches de commerce, les greniers des Particuliers se fussent ouverts d'eux-mêmes. Ceci n'est point une conjecture. M. Orry fit venir pour 13 millions de blé. On n'en vendit point, et ces blés germèrent, parce qu'à l'arrivée de ce secours, quelque modique qu'il fut pour un grand Royaume où l'on parloit de disette, la crainte de perdre détermina tous les Propriétaires à

ouvrir leurs greniers [1]. Comment les magasins [36] des Marchands, toujours très inférieurs aux greniers des Cultivateurs, des Fermiers de grandes Terres, et des Propriétaires Laïcs et Ecclésiastiques, pourroient-ils rassurer une administration qui a promis par une loi publique, que ceux qui formeront de ces magasins ne pourront être *inquiétés ni astreints à aucunes formalités* ? L'avidité les fera fermer, comme elle a fait fermer des greniers. On ne peut donc trouver de motifs de sécurité que dans la concurrence du blé étranger. Lorsqu'elle pourra agir dans toute son étendue, elle sera bien plus efficace pour faire ouvrir et les magasins, et les greniers, que ne le fut la petite quantité de blé achetée par les ordres de M. Orry, qui cependant produisit ce bon effet. Les seuls magasins suffisamment garnis et toujours ouverts sont ceux de l'Europe. Le seul moyen de disposer des grains [37] qu'ils renferment, c'est de laisser à ceux qui les possèdent la liberté de les apporter en France, ou de les remporter. Ils ne les remporteront certainement pas, tant que nous serons dans le besoin, parce que c'est toujours, et partout, le bon prix qui appelle et qui retient la denrée.

2° Le défaut de liberté dans la circulation intérieure peut tout à coup faire manquer ou resserrer les grains dans quelques Provinces ; mais alors il n'y a qu'une disette partielle, au lieu que celle qu'on craignoit sous le Ministère de M. Orry sembloit devoir être générale. Ainsi quand même la circulation eut été permise, les spéculations des Négocians n'eussent point dégarni les endroits pourvus de grains pour les porter ailleurs. Quand l'allarme, bien ou mal fondée, est répandue par-tout, le blé ne circule point. Le haut prix, effet prompt et nécessaire de la crainte, les retient où ils sont. Le vrai remède contre ces terreurs, c'est la liberté de l'exportation ; parce qu'en inspirant la confiance aux étrangers, elle les attire, et

---

1. Si ces blés ne coûtèrent que 20 liv. le setier, il en entra 650 mille setiers. S'ils coûtèrent 25 liv. ce qui est beaucoup plus vraisemblable, il n'en entra que 520 mille. C'est un peu moins que la soixante-septième partie de la consommation annuelle du Royaume, et par conséquent ce n'étoit que pour environ cinq jours de subsistance. On peut juger par cet exemple à quel point on s'exagère le péril, lorsqu'on entend parler de disette, puisqu'un si petit secours arrêta le mal dont on étoit allarmé. On peut juger en même temps à quel point il est important d'attirer le blé étranger par la libre sortie de nos Ports, puisqu'avec un effort de 13 millions de la part du Gouvernement, on n'auroit de subsistance que pour quelques jours dans les années où la disette seroit réelle. Il est évident qu'elle ne l'étoit pas en 1740, puisque tous les blés que fit acheter M. Orry germèrent.

que la frayeur cesse, quelque foibles que soient leurs importations. l'opération même de M. Orry en est une preuve. [38] Le défaut de circulation n'influe donc en rien sur l'événement qu'on craint de voir se renouveller.

3° La Déclaration du 25 mai 1763 est une bonne Loi en elle-même ; mais cette Loi est très insuffisante pour remédier aux maux causés par les prohibitions au dedans et au dehors. Le commerce des grains est si dérouté, et depuis si longtemps, qu'il ne peut se rétablir que très lentement, même dans l'intérieur. On en peut juger par un fait rapporté n° 4 de la *Gazette du Commerce* du samedi 14 janvier dernier.

Un commerçant de Paris envoie un homme de confiance en Champagne et en Lorraine, pour acheter des grains qu'il vouloit faire passer à Marseille par le Havre. Cet homme de confiance trouve les grains à un peu moins de 9 livres 5 sols le setier de Paris (7 liv. le rezal pesant 182 livres). Les propriétaires de cette denrée ne connaissant que le marché le plus prochain de leur habitation, ne comprirent pas même *ce qu'on vouloit leur dire*, quand on leur proposa de fournir du blé, et de le transporter par la Marne et la Seine jusqu'au Havre. Il auroit fallu louer des greniers ou des magasins. Il [39] n'y en a point. On n'auroit pu acheter les blés que par petites parties dans les différens marchés ; c'eût été une opération de quatre mois que d'en rassembler 2000 setiers. On n'auroit pu les faire enlever sans occasionner, si ce n'est là disette, au moins un surhaussement de prix, et des *terreurs paniques*. Cependant qu'est-ce que 2000 setiers de blé !

« Cela vient, dit le Commerçant qui a fait cette tentative, de ce
« que cette abondance excessive dont on a parlé, n'étoit réelle que
« proportionnellement au peu de débouché du blé de ces Pro-
« vinces. Mais que dans la réalité il n'y a, ni ne peut y avoir une
« certaine abondance dans un pays où les débouchés n'existent pas ;
« parce qu'on y mesure la quantité des ensemencemens aux besoins
« de la consommation intérieure et jamais aux besoins du com-
« merce, de la *circulation*, ou de l'*exportation* dont on a *aucune*
« *idée*... Est-il rien de plus affligeant que dans deux Provinces à
« blé, les Propriétaires de cette denrée croient qu'on leur parle
« des Antipodes, lorsqu'on leur propose de livrer à *un bon prix* leurs
« blés au Havre-de-Grace ?... Un Pro[40]vençal saisit au premier
« coup d'œil, que la Lorraine et la Champagne peuvent approvi-

« sionner la Provence du blé dont elle manque. Un Champenois
« et un Lorrain ne conçoivent pas la possibilité de transporter leur
« blé jusqu'au Havre, pour en avoir un *prix double* de celui qu'ils
« en trouvent chez eux. »

Si l'on attend, pour autoriser l'exportation, que la circulation
soit pleinement rétablie, on attendra long-temps. Il semble donc
que tout doit dependre aujourd'hui de la décision de cette question. Le Royaume est-il dans une position à pouvoir, sans péril,
éloigner un moyen de ranimer sa culture, d'augmenter le prix de
ses denrées, et d'en assurer la vente ? S'il est dans cette heureuse
position, on peut attendre, sans courir aucun risque : mais si le
besoin est urgent, si la production, le revenu, l'impôt sont dans
un état de souffrance, s'il est pressant de les ranimer, c'est tout
risquer que d'éloigner une opération qui seroit trop lente, et qui
ne produiroit aucun effet si le mal augmentoit à un certain point.

4° Le commerce extérieur des farines n'est qu'un objet borné, et
qui ne [41] peut s'étendre dans tous les lieux où il y a surabondance de grains. Il n'y a pas de moulins convenables par-tout ; et
tous les moulins, ainsi que tous les grains, ne sont pas propres à
faire des farines qui puissent être exportées. Les farines sont plus
chères que les grains, parce qu'on a une main-d'œuvre à payer. Il
suffit d'avoir des greniers, pour conserver des grains. A l'égard des
farines, il faut de plus faire la dépense, ou de les mettre en sacs,
ce qui n'empêche point le risque extrême de les voir avarier dans
la plus courte traversée ; ou dans des barils, ce qui augmente con-
sidérablement les avances et les frais des Négocians. La garde en
est très-dispendieuse, et elles sont sujettes à beaucoup de déchet.
Voilà bien des motifs pour détourner nos commerçans de faire des
exportations suffisantes en ce genre. Mais il faut songer de plus
que les Nations qui manquent de grains sont dans l'usage d'acheter les grains mêmes, et de s'épargner le remboursement de cette
main d'œuvre dont nous voudrions profiter. Elles ont des moulins
qu'elles n'abandonneront pas pour se prêter à nos arrangemens
particuliers, tandis que d'autres Nations continueront [42] à leur
fournir des blés en nature.

Ces réflexions, ou plutôt ces faits, ne permettent pas de faire
dépendre la liberté d'exporter les grains, des suites de l'opération
qui fut faite sous le ministère de M. Orry. La France n'est pas
aujourd'hui surchargée de grains ; et quand même elle le seroit, il

ne s'en feroit que de foibles exportations, si la liberté étoit générale et perpétuelle, au lieu d'être momentanée. Les motifs actuels doivent être tirés de l'état des choses, c'est-à-dire de la connoissance des besoins de la culture, et de l'expérience du commerce. On ne trouveroit pas un seul commerçant, un seul Propriétaire de Terres, un seul cultivateur en état de raisonner sur son exploitation, qui ne demandassent la liberté d'exporter les grains. Seroit-il possible de trouver des Juges plus instruits et plus intéressés à rendre un bon Jugement ?

Le fait tiré de la *Gazette du Commerce*, n° 4, semble être contredit par deux lettres insérées dans la feuille n° 17. Il faut, dit-on, que le commissionnaire envoyé en Champagne et en Lorraine, *soit tombé dans les plus mauvais cantons*. Mais ces deux lettres sont de nouvelles [43] preuves qu'en effet qu'on n'a pas d'idée en Champagne du commerce de grains. *Nous avons*, dit l'auteur de la première, *des grains en abondance*. Il avoue que le setier de Paris du plus beau froment *ne vaut que 10 liv.* que cependant on a *tous les moyens possibles* pour exporter. On ne fait donc pas usage de ces moyens. *Mais où veut-on*, ajoute-t-il, *que nous transportions du grain, lorsqu'on ne nous en demande pas, et qu'il n'est pas permis de faire des provisions dans les grandes Villes?* Question étonnante, et qui prouve deux choses ; l'une, que le commerce des grains est absolument inconnu ; l'autre, qu'on y connoît même pas la Déclaration du 25 mai 1763. Aussi l'Auteur demande-t-il, pour que les denrées puissent *circuler*, qu'on joigne les rivières *les unes aux autres par des canaux et des écluses* ; qu'on fasse *construire des ports ;* qu'on rende *praticables les chemins de village à village, etc.* Si la circulation des grains ne s'établit qu'après que ces conditions seront remplies, nous serons long-temps sans en jouir.

L'autre lettre assure que les greniers de Chaalons renferment actuellement [44] 20 mille setiers de froment, 40 mille d'avoine ; qu'il y en a *au moins autant* à Vitri-le-François, et qu'il y a beaucoup d'autres endroits de Champagne et de Lorraine qui *en emmagasinent continuellement.*

Il est évident que tous ces grains ne circulent pas. Si l'exportation étoit permise, les Négocians sauroient bien mettre en mouvement cette précieuse denrée, qui est si aisé de rendre plus précieuse encore. Et on ne liroit pas dans la même feuille, n° 17, que « malgré la grande quantité de blé qui arrive de Nismes, de la Bour-

« gogne et du Dauphiné, le prix s'en soutient toujours et que les
« biés du crû se vendirent au marché le 9 Février, 38 liv. la salmée,
« pesant trois livres de plus que le setier de Paris ». Le Cultivateur
et le Propriétaire de Champagne s'epuisent donc à enmagasiner
des grains qu'ils ne peuvent vendre que 10 livres le setier, tandis
que les habitans de Nismes et des environs le payent plus du
double de ce qu'il coûteroit si l'exportation étoit perpétuellement
libre.

[45] ## SECONDE DIFFICULTÉ

L'Angleterre a reconnu elle-même la nécessité de défendre
quelquefois la sortie des grains.

Ceux qui supposent que le commerce des grains est *libre* en
Angleterre, ont raison de conclure, de l'exemple de cette Nation,
qu'il est *quelquefois* nécessaire d'en défendre la sortie. Mais ceux
qui savent que ce commerce n'y jouit que d'une demi-liberté ; que
l'exportation étant toujours permise, l'importation est toujours
repoussée ; que le pays le plus fécond et le mieux cultivé a *quelquefois* des récoltes insuffisantes, ne sont pas étonnés que les
Anglois éprouvent *quelquefois* la nécessité de défendre la sortie
des grains nationaux. Il n'y a par-tout que deux moyens de subsister : la consommation de ses propres denrées, ou celle des denrées étrangères. Les Anglois diminuent les droits d'entrée pour
appeler le grain étranger, lorsqu'ils sentent le besoin de ce secours ;
mais ces droits diminués sont toujours très forts, et ils peuvent
doubler et tripler d'un jour à [46] l'autre par la moindre révolution
de prix dans les marchés Anglois. C'est prohiber l'importation plus
fortement par des droits d'entrée, que nous ne la prohibons par de
simples défenses de sortie. On s'imagine donc alors qu'il est indispensable de retenir tout le blé national, puisque c'est l'unique
moyen de subsistance. C'est une erreur. Mais l'erreur est le
domaine de la multitude ; et ceux qui savent lui échapper sont
rares par-tout, et ne sont écoutés nulle part.

On le répéte, si l'envie, raisonnable en soi, de n'accorder la gratification qu'aux Anglois seuls, n'avoit pas forcé à établir des droits
énormes à l'entrée sur les grains étrangers ; si le surhaussement de

ces droits n'augmentoit pas en proportion de ce que le grain est plus commun, et par conséquent à meilleur marché en Angleterre, la Loi générale qui autorise l'exportation ne recevroit jamais d'atteinte. On ne se trouveroit jamais dans la nécessité de suspendre la liberté par des Loix particulières. Ainsi c'est le défaut de liberté dans *l'importation*, qui force à restreindre *quelquefois* celle du commerce d'exportation. Les Anglois ne souffrent que rarement de leur mauvais police sur [47] l'entrée des grains, parce que leur culture s'est augmentée au point de n'éprouver presque jamais de grands vides dans leurs recoltes. Nous souffrons continuellement de nos prohibitions à la sortie, parce que nos Cultivateurs et par conséquent la culture sont ruinés dans les années abondantes, et que l'Etranger ne veut pas courir les risques de nous secourir, lorsque nous sommes dans le besoin. Ainsi c'est en Angleterre comme en France, le défaut d'une liberté entière qui nuit au bien public. Il n'y a que les prohibitions qui puissent nuire, comme il n'y a que la liberté entière et perpétuelle qui puisse mettre à l'abri des mauvaises années. Il est contre nature de défendre à une Nation de vendre une denrée qu'on l'exhorte à multiplier : et tout ce qui est contre nature est destructif, et ne peut produire que de funestes effets.

Qu'il soit permis d'ajouter à cette discussion une observation qui paroît bien propre à rassurer les personnes à qui la liberté d'exporter présente de bonne foi la même idée que la disette. Les calculateurs les plus modérés, on pourroit dire les plus timides, portent à trente-cinq millions de setiers, déduction faite des [48] semences, le produit annuel de nos récoltes. Si elles suffisent ordinairement à notre subsistance (l'on ne peut en douter) il est évident qu'il faudroit faire sortir une partie considérable de ces trente-cinq millions de setiers pour nous jetter dans la disette. Or une forte exportation deviendra absolument impossible lorsque la liberté perpétuelle d'exporter détournera nos Commerçans d'aller établir des magasins chez l'Etranger.

On sait à peu près à quoi montent les exportations annuelles dans l'Europe. L'année commune de celles de l'Angleterre, prise sur 25 années, est d'un million 20 mille setiers. Celle des blés de Pologne par Dantzic (ce qui embrasse toutes les exportations des Peuples du Nord et des Hollandois) monte, année commune à 800.000 tonneaux de mer qui font 7 millions 350 mille setiers. Ainsi 8 millions

350 mille setiers forment presque la totalité du commerce des grains dans l'Europe. On dit *presque la totalité*, parce qu'on n'ignore pas qu'il s'exporte des grains de Sicile, de Barbarie, de l'Archipel. Mais c'est un objet qui ne peut entrer en aucune porportion avec ceux dont on vient de parler. Ce seroit donc [**49**] outrer les suppositions, que d'admettre qu'en total les exportations montent, année commune, à 10 millions de setiers.

D'après cet élément qui péche certainement en excès, comment imaginer que quand les prohibitions ne forcent plus nos négocians à entreposer nos grains chez l'Etranger, il leur fût possible d'en exporter une assez grande quantité pour opérer une sensation fâcheuse en France ? Les besoins des Peuples qui manquent de grains, parmi lesquels il faut compter les Hollandois, ne consomment en tout que 10 millions de setiers et ils leur sont annuellement fournis par les Nations pour qui l'exportation est libre. Le commerce de ces Nations est tout monté, tout accrédité. Que pourroient donc faire de plus les François que d'entrer en concurrence pour une petite portion de ce commerce ? Supposons que cette portion pût être d'un cinquième, malgré les efforts que feroient les Anglois, les Hollandois, etc. pour nous empêcher de diminuer leurs ventes habituelles. Il arriveroit qu'avec les plus grands efforts de nos commerçans, il sortiroit, année commune, deux millions de setiers de blé de France. Or c'est à peine ce qui se perd annuelle[**50**]ment par la pourriture, par le dégât des insectes et des autres animaux. Il est même assez vraisemblable qu'il nous seroit impossible d'exporter ce que la prohibition fait tomber en pure perte. L'exportation ne seroit donc qu'une distraction insensible sur nos récoltes.

Mais envisageons par un autre côté les effets de cette petite branche d'exportation. Supposons que les achats de ces deux millions de setiers fissent monter les grains à dix-huit livres, il se feroit donc annuellement un versement de 36 millions sur nos campagnes. Il faudroit bien peu connoître la situation actuelle du Royaume et ignorer jusqu'aux premiers élémens de la science économique, pour ne pas sentir quel accroissement de production et de revenu opéreroit un capital annuel de 36 millions dans notre Agriculture.

Si on demande quel usage nous ferons de nos grains, après que l'exportation en aura augmenté la culture, puisqu'il est impossible d'en exporter plus de deux millions de setiers, la reponse se présentera d'elle-même aux gens instruits. La libre exportation, quelque bornée qu'elle soit, fera augmenter, 1º la production, [51] 2º le prix de la denrée qui est presque toujours en France au-dessous de sa valeur ; 3º Les revenus des Particuliers et de l'Etat ; 4º Les salaires de ceux pour qui le travail est l'unique moyen de subsister ; 5º les consommations, qui seules peuvent perpétuer le cercle de la reproduction : et enfin la population, parce qu'elle augmente toujours partout où il y a abondance de subsistances et de salaires. Peut-être y a-t-il parmi nous beaucoup de gens qui ignorent que la population diminue nécessairement et très-utilement pour l'Etat, lorsque les subsistances et les revenus sont bornés, par la seule raison que la multitude manque et de salaires et de travail. Elle devient un fardeau pour un Etat obéré, comme elle est la force d'un Etat opulent. Dans le premier on s'épuise à soutenir une population oisive : dans le second, on s'enrichit par le travail et l'emploi des salaires d'une population laborieuse.

Ceux qui ne sont pas touchés de ces raisons, devroient bien nous dire celles qui les déterminent. On doit au bien de sa Patrie ou des lumières, ou de la docilité.

FIN.

TABLE ANALYTIQUE

—

Paul GEUTHNER, 68, rue Mazarine, PARIS VI°

R. H. D. E. S.

1908 (1ʳᵉ année), 456 pp. gr. in-8, **24** fr.

N° 1 : *E. Bauer*, L'article « Hommes » de Quesnay ; *M. Somogyi*, Un réformateur social hongrois de la première moitié du xix° s. : Le Baron Dercsenyi.

N° 2 : *Quesnay*, Article « Impôts », édité par *G. Schelle* ; *E. Depitre*, Note sur les œuvres économiques de *Cournot*.

N° 3 : *A. Dubois*, L'évolution de la notion de droit naturel antérieurement aux physiocrates ; *J. Lescure*, La conception de la propriété chez Aristote.

N° 4 : *E. Levasseur*, Law et son système jugés par un contemporain ; *René Gonnard*, Les doctrines de la population au xviii° siècle ; *Isaac de Bacalan*, Observations faites par M. de Bacalan, intendant du Commerce, dans son voyage en Picardie, Artois, Haynaut et Flandre, l'an 1768. (Introduction et notes par A. Dubois).

1909 (2° année), 446 pp. gr. in-8, **24** fr.

N° 1 : *Germain Martin*, La monnaie et le crédit privé en France aux xvi° et xvii° siècles : les faits et les théories (1550-1664) ; *Adolphe Landry*, Les idées de Quesnay sur la population.

N° 2 : *A. de Foville*, De Malthus à Berthelot ; *Charles Grünberg*, Anton Menger. Sa vie, son œuvre ; *Pierre Moride*, Karl Marx et l'idée de justice.

N° 3 : *Albert Aftalion*, La théorie de l'épargne en matière de crises périodiques de surproduction générale et sa critique ; *Maurice Bellom*, La source des théories de List ; *William Oualid*, D'Aguesseau économiste. « Les considérations sur les monnaies. »

N° 4 : *Carl Grünberg*, L'origine des mots « socialisme » et « socialistes » ; *Edouard Dolléans*, La naissance du chartisme (1830-1837) ; *W. Benbow*, Grand National Holiday and Congress of the productive classes (Réimpression).

1910 (3° année), 455 pp. gr. in-8, **24** fr.

N° 1 : *S. Feilbogen*, L'évolution des idées économiques et sociales en France depuis 1870 ; *F.-K. Mann*, Les projets de retour en France de John Law (1723) ; *J. Lescure*, Esquisse de l'évolution du change et des théories relatives au change.

N° 2 : *Mis de Mirabeau*, Notes inédites sur Boisguilbert, publiées par G. Weulersse ; *R. Picard*, Etudes sur quelques théories du salaire au xviii° siècle ; *E. Antonelli*, Léon Walras ; *H. E. Barrault*, Les doctrines de l'économie politique classique et la science économique contemporaine.

N°ˢ 3-4 : *E. Levasseur*, Foires et marchés en France pendant la royauté féodale (xiii°, xiv° et xv° siècles) ; *J.-C. Anquetin*, Un projet de réforme générale des impôts français au début du xviii° siècle, Observations sur la dixme royale de Vauban (Introduction et notes par J.-B.-M. Vignes) ; *F. K. Mann*, L'abbé de Saint-Pierre, financier de la Régence d'après des documents inédits ; *G. Bourgin*, Statistique révolutionnaires ; *S. Feilbogen*, L'évolution des idées économiques et sociales en France depuis 1870 ; *H.-E. Barrault*, Le sens et la portée des théories antiquantitatives de la monnaie.

1911 (4° année), abonnement : France, **12** fr. ; Etranger, **14** fr.

N° 1 : *G. Schelle*, Les premiers travaux économiques de Turgot, d'après ses manuscrits inédits ; *A. Arnauné*, Les tarifs douaniers de 1791 ; *E. Dolléans*, La naissance du chartisme (1830-37), fin ; *Ed. Pfeiffer*, Nicolas Barbon, un économiste du xviii° s. ; Bulletin bibliographique d'histoire économique et sociale.

En 1911 la R. H. D. E. S. commencera la réimpression des ÉPHÉMÉRIDES DU CITOYEN, périodique des Physiocrates, dont on ne connaît pas de collection complète dans les bibliothèques publiques. Cette réimpression se fera sous forme de supplément à la Revue, sans aucune augmentation de prix pour les abonnés.

Paul GEUTHNER, 68, rue Mazarine, PARIS

REVUE D'HISTOIRE

DES

DOCTRINES ÉCONOMIQUES ET SOCIALES

COMITÉ DE DIRECTION :

A. DESCHAMPS
PROFESSEUR A LA FACULTÉ DE DROIT
DE L'UNIVERSITÉ DE PARIS.

A. DUBOIS
PROFESSEUR A LA FACULTÉ DE DROIT
DE L'UNIVERSITÉ DE POITIERS

EDGARD DEPITRE
PROFESSEUR AGRÉGÉ A LA FACULTÉ DE
DROIT DE L'UNIVERSITÉ DE LILLE

A. SCHATZ
PROFESSEUR A LA FACULTÉ DE DROIT
DE L'UNIVERSITÉ DE LILLE

Secrétaire de la rédaction : H. VOUTERS, docteur en droit.

L'histoire joue un rôle sans cesse grandissant, elle est devenue une discipline indispensable dans les sciences sociales.

L'évolution des faits et l'évolution des idées constituent le double objet de ses recherches. On ne saurait sans doute établir une séparation complète entre l'une et l'autre ; mais la nécessité d'une division du travail poussée toujours plus loin à mesure que la science progresse, oblige l'historien à consacrer à l'une d'elles ses efforts à peu près exclusifs, à se cantonner sur l'un des deux domaines, en se servant de la connaissance de l'autre comme d'une science auxiliaire. L'histoire de la pensée humaine, distinguée mais non isolée absolument de l'histoire des institutions et des faits, forme ainsi l'une des branches de l'évolution sociale.

On ne nous en voudra pas d'affirmer que, dans cette branche, l'histoire des doctrines économiques et sociales constitue la ramification la moins développée, bien moins avancée que l'histoire du droit, que l'histoire de la philosophie, que l'histoire de l'art. Elle est, en outre, en France, qui pourtant vit naître la science économique avec les Physiocrates et qui, au xviii⁰ siècle, fut si féconde en économistes et en réformateurs sociaux, moins avancée qu'en Italie et en Allemagne.

Depuis quelques années cependant, bon nombre d'ouvriers se sont mis à défricher ce champ immense ; monographies et ouvrages d'un caractère plus général commencent à s'accumuler. L'histoire des Doctrines économiques qui dans les Facultés de Droit françaises fait l'objet d'un Cours spécial, y a suscité un certain nombre de Thèses de Doctorat politique et économique dont quelques-unes sont tout à fait remarquables ; elle paraît aussi attirer de plus en plus les candidats au Doctorat ès lettres et là aussi nous pourrions citer plusieurs travaux de haute valeur.

Mais il reste encore une étendue de terres vierges à fouiller, qui réservent bien des surprises aux pionniers. Il est peu d'œuvres scientifiques aussi utiles et aussi passionnantes à entreprendre que celle-ci ; si elle se développe avec lenteur, c'est sans doute qu'elle se heurte à des obstacles qu'il serait urgent d'aplanir. Il n'exista jusqu'à présent aucun organe spécial pour stimuler, faciliter et grouper ces efforts.

Ce sont ces considérations qui nous ont amené à créer la *Revue d'Histoire des Doctrines Économiques et Sociales*. Articles originaux, réimpressions de textes et notamment de passages extraits d'œuvres qui, pour des raisons diverses, ne peuvent être intégralement reproduites en volumes indépendants, publication de manuscrits inédits d'auteurs appartenant à l'histoire ; bibliographie et comptes rendus bibliographiques de travaux rentrant dans notre cadre, voilà approximativement quel sera le contenu de notre Revue.

Elle publiera dans leur langue originaire les articles et les textes écrits en français, en anglais, en allemand et en italien.

MACON, PROTAT FRÈRES, IMPRIMEURS

www.ingramcontent.com/pod-product-compliance
Ingram Content Group UK Ltd.
Pitfield, Milton Keynes, MK11 3LW, UK
UKHW022221120726
13694UKWH00002B/647